上海市工程建设规范

绿 地 设 计 标 准

Standard for the design of green space

DG/TJ 08－15－2020
J 11525－2020

主编单位：上海市绿化和市容管理局
　　　　　上海市园林设计研究总院有限公司
批准部门：上海市住房和城乡建设管理委员会
施行日期：2021 年 1 月 1 日

同济大学出版社

2020　上海

图书在版编目(CIP)数据

绿地设计标准/上海市绿化和市容管理局,上海市
园林设计研究总院有限公司主编.--上海:同济大学出
版社,2020.12

ISBN 978-7-5608-9278-8

Ⅰ.①绿… Ⅱ.①上… ②上… Ⅲ.①绿化地—园林
设计—设计标准—上海 Ⅳ.①TU986.2-65

中国版本图书馆 CIP 数据核字(2020)第 102040 号

绿地设计标准

上海市绿化和市容管理局
上海市园林设计研究总院有限公司　　　　主编

策划编辑　张平官
责任编辑　朱　勇
责任校对　徐春莲
封面设计　陈益平
出版发行　同济大学出版社　　www.tongjipress.com.cn
　　　　　(地址:上海市四平路 1239 号　邮编:200092　电话:021—65985622)
经　　销　全国各地新华书店
印　　刷　浦江求真印务有限公司
开　　本　889mm×1194mm　1/32
印　　张　2.875
字　　数　77000
版　　次　2020 年 12 月第 1 版　　2020 年 12 月第 1 次印刷
书　　号　ISBN 978-7-5608-9278-8
定　　价　25.00 元

上海市住房和城乡建设管理委员会文件

沪建标定〔2020〕416号

上海市住房和城乡建设管理委员会
关于批准《绿地设计标准》为上海市
工程建设规范的通知

各有关单位：

由上海市绿化和市容管理局、上海市园林设计研究总院有限公司主编的《绿地设计标准》，经我委审核，现批准为上海市工程建设规范，统一编号为DG/TJ 08－15－2020，自2021年1月1日起实施。原《绿地设计规范》DG/TJ 08－15－2009同时废止。

本规范由上海市住房和城乡建设管理委员会负责管理，上海市绿化和市容管理局负责解释。

特此通知。

上海市住房和城乡建设管理委员会
二〇二〇年八月十三日

前　言

本标准根据上海市住房和城乡建设管理委员会《关于印发〈2017年上海市工程建设规范编制计划〉的通知》（沪建标定〔2016〕1076号）要求，由上海市绿化和市容管理局和上海市园林设计研究总院有限公司在《绿地设计规范》DG/TJ 08－15－2009的基础上修订完成。

本标准提倡生态优先、因地制宜、适地适树，提高土地使用效率、降低建设成本和养护成本，推进绿地节能减排，参照《城市绿地设计规范》GB 50420等国家、行业和地方现行有关技术标准进行修订，目的是适应发展、充实内容、提高可实施性。

本标准共10章，主要内容包括：总则；术语；总体；竖向；种植；园林建筑及其他设施；园路、广场、园桥；结构；给水排水；电气及智能化。

本次修订的主要内容包括：

1. 新增城市绿地低影响开发相关技术要求。

2. 新增绿地设置市民活动空间场地的要求。

3. 新增智能化设计要求。

4. 由于林业系统自有较完整的标准体系，根据调研及专家评审意见，不再保留"林地"章节。

各有关单位及相关人员在执行本标准过程中，如有意见或建议，请反馈至上海市绿化和市容管理局（地址：上海市胶州路768号；邮编：200040；E-mail：kjxxc@lhsr.sh.gov.cn），上海市园林设计研究总院有限公司（地址：上海市新乐路45号；邮编：200031；E-mail：ylsjy@shlandscape.com），或上海市建筑建材业市场管理总站（地址：上海市小木桥路683号；邮编：200032；E-mail：bzglk@zjw.sh.gov.cn），以供今后修订时参考。

主 编 单 位:上海市绿化和市容管理局

上海市园林设计研究总院有限公司

参 编 单 位:上海市绿化管理指导站

同济大学建筑与城市规划学院景观系

上海北斗星景观设计院有限公司

主 要 起 草 人:朱祥明　秦启宪　茹雯美　庄　伟　韩莱平

杨　军　王文姬　徐　建　吴　成　王本耀

金云峰　虞金龙　隋　萍

主 要 审 查 人:李　莉　涂秋风　叶谋杰　朱霞雁　车学娅

张冬梅　李　伟

上海市建筑建材业市场管理总站

目　次

Contents

1 总 则

1.0.1 为促进本市绿地建设,改善和美化城市生态环境,确保绿地设计符合适用、生态、美观、安全等基本功能要求,制定本标准。

1.0.2 本标准适用于各类新建、扩建和改建的公园绿地设计。

1.0.3 绿地设计除应符合本标准外,尚应符合国家、行业和本市现行有关标准的规定。

2 术　语

2.0.1　公园绿地　public park

指向公众开放,以游憩为主要功能,有一定游憩和服务设施的绿地,是对具有公园功能的所有绿地的统称。

2.0.2　绿地家具　green furniture

指在绿地中的园椅、园凳、园桌、标识标牌、饮水器等户外家具。

2.0.3　土方填充物　earth filled material

除土壤材料外的土方填充材料,如 EPS 板(聚苯乙烯泡沫塑料)等。

2.0.4　护坡　revetment

防止用地土体边坡变迁而设置的斜坡式防护工程,如土质或砌筑型等护坡工程。

2.0.5　水生植物　aquatic plants

指能够在水中生长的植物的统称。根据水生植物的生长方式,一般将其分为挺水植物、浮叶植物、沉水植物、漂浮植物和湿生植物。

2.0.6　护岸植物　revetment plants

指种植在河道岸边,通过植物良好根系形成的具有一定的固土和抗冲刷能力的护坡植物。

2.0.7　生态习性　ecological habits

生物与环境长期相互作用下所形成的固有适应属性。

2.0.8　乡土植物　vernacular plants

指本地区原有天然分布的植物种群和已引种多年且在当地一直表现良好的外来树种。这些植物种群经过长期的淘汰和选择,能很好地适应当地的土壤、气候等自然条件,其自然分布、自然演替已适应当地的生存环境,具有较强的适应能力和较高的生态及经济价值,因而在城市绿化和绿地设计中应优先使用。

2.0.9　入侵物种　harmful species

指打破生态平衡,改变或破坏当地的生态环境、严重破坏生物多样性、破坏食物链,威胁本地其他生物生存的物种。

2.0.10　群落结构　community structure

生物群落中,各个种群占据了不同的空间,使群落具有一定的结构。群落的结构包括垂直结构和水平结构。

2.0.11　花境　flower border

模拟自然界林地边缘地带多种野生花卉交错生长的状态,经过园林艺术设计,将多年生花卉/观赏草植物以平面上斑块混交、立面上高低错落的方式种植于带状的园林绿地而形成的花境景观。

2.0.12　绿荫停车场　parking of the green shade

指在机动车停放场所栽植乔木以遮阴,或构建停车廊架种植爬藤植物,形成一定的绿荫覆盖,并在地面使用透水性铺装材料,使停车场具有遮阴、降温等功能。

2.0.13　下凹式绿地　depressed green

指低于周边地面标高、可积蓄、下渗自身和周边雨水径流的绿地。

2.0.14　雨水花园　rain garden

指自然形成的或人工挖掘的浅凹绿地,被用于汇聚并吸收来自屋顶或地面的雨水,通过植物、沙土的综合作用使雨水得到净化,并使之逐渐渗入土壤,涵养地下水,或使之补给景观、厕所用水等城市用水。是一种生态可持续的雨洪控制与雨水利用设施。

2.0.15　植被浅沟　glass swale

指可以传送雨水,在地表浅沟中种植植被,利用沟中植物和土壤截留、净化雨水径流的设施。

2.0.16 湿生植物 wetland plants

生长在十分潮湿的空气和土壤中的植物。

2.0.17 透水铺装 permeable flooring

指一种多孔、轻质环保地坪,一般有粗骨料表面包覆一层胶结料相互粘接而成,形成蜂窝状结构,故具有透水透气的特点。它能够增加城市地表可透水透气面积,加强地表热量与地下水分的交换,下雨时能够快速补充城市地下水资源,并能吸收车辆行驶产生的噪声,减少地面阳光反射热能,降低地面温度,缓解城市热岛效应。

2.0.18 智慧型绿地 intelligent green space

指运用现代信息技术,实现数据共享,提高绿地日常运维效率,改善游憩体验的绿地。

3 总 体

3.1 一般规定

3.1.1 绿地设计应以批准的城市绿地系统规划及上位规划为依据,按规划确定的用地性质和范围编制设计文件。

3.1.2 绿地设计应符合绿地的造景、休憩、生态等功能要求,应贯彻因地制宜、合理布局、美观实用的原则,并符合国家及地方对绿地的各项控制指标。

3.1.3 绿地设计必须以植物为主要造景元素。植物造景应注重常绿树种和落叶树种相结合,速生树种和慢生树种相结合。绿地中乔木树冠的垂直投影面积占绿地陆地面积百分比:公园项目应不小于 60%,一般绿地项目应不小于 70%,防护绿地项目应不小于 80%。

3.1.4 绿地范围内的古树名木必须原地保留并加以保护。胸径 25cm 以上的树木宜保留、利用。

3.1.5 绿地设计应满足城市绿地防灾避难的要求,应按照城市应急避难场所规划明确的避难场所的等级和内容设置相应设施,并应符合现行上海市工程建设规范《应急避难场所设计规范》DG/TJ 08−2188 的规定。

3.1.6 绿地设计应采用绿色节能环保材料,宜采用可再循环材料、可再利用材料及利废建材,科学合理地利用太阳能、风能及雨水等资源。

3.1.7 绿地内可设置开放性市民健身体育活动场地和游憩型体育设施。公园绿地面积小于 5ha 的,不得设置篮球、排球、网球等球类设施。公园绿地内集中设置的市民健身体育活动区,其占地不应大于总面积的 10%,宜设置成非硬化的运动场地。

3.1.8 绿地设计应满足残障人士的使用要求,绿地主要出入口、停车场、园林建筑和园路应符合现行国家标准《无障碍设计规范》GB 50763 的规定。

3.1.9 绿地设计应通过渗、滞、蓄、净、用、排等多种技术措施,提高对地表径流雨水的渗透、调蓄、净化、利用和排放能力。

3.1.10 绿地内各类建筑占地面积之和不得大于陆地总面积的 2%。

3.1.11 绿地内的建筑应符合下列规定:

  1 不得设置和绿地无关的建筑。

  2 应设置绿地养护管理建筑。

  3 不得设置无明确功能或规模明显大于功能需求的建筑。

  4 建筑单体一般控制为:占地面积不大于 $500m^2$、檐口高度不高于 9m。

3.1.12 新建绿地的地下室占地面积超过 0.5ha 的,不得整片连续布局,应按照面积不大于 0.5ha 的空间为单元,分散布局,单元之间可以设置宽度不大于 10m 的连接通道。新建绿地地下室用作公共停车场时,公共停车场占地面积按照 0.8 倍计入地下室开发指标。

3.1.13 水体设置应符合安全、生态和景观要求,应协调与园路、园桥、平台、场地、绿化种植及建筑物的衔接。

3.1.14 绿地现状水面面积小于总用地面积 5%的,设计水面面积不宜大于总用地面积的 6%;现状水面面积大于总用地面积 5%的,新增水面面积不得大于总用地面积的 1%。

3.1.15 绿地设计应设置必要的活动场地,并种植乔木达到遮阴效果。

3.1.16 应通过科学合理的设计降低绿地日常维护和管理成本。

3.2 布　局

3.2.1 绿地出入口应选在游人出入安全、便利的位置。应根据绿地规模要求,在主要出入口内外设置集散场地、机动车停车区和非机动车停车区,并设置无障碍专用停车位。

3.2.2 绿地内游客休息区域可设置吸烟点或吸烟设施。吸烟点的设置应符合下列规定:

　　1 远离人员聚集区域和行人必经的主要通道。

　　2 设置吸烟点标识、引导标识,并设置吸烟危害健康的警示标识。

　　3 放置收集烟灰、烟蒂等的器具。

　　4 符合消防安全要求。

3.2.3 老年人健身活动区和儿童活动区应设置在出入方便和安全的区域;健身活动区的设置应避免对周边居民产生影响。当绿地紧邻居民住宅时,健身活动区与住宅的水平距离不应小于20m,宜用绿带作隔离。

3.2.4 绿地家具应布置合理、方便实用。标识牌应设置在醒目的位置。

3.2.5 绿地中的水体、变电站、泵站等涉及游人安全的场所必须设立警示标志。

3.2.6 现状的地形、地物应在总平面图上标注清晰,注明保留、利用或拆除。

4 竖 向

4.1 一般规定

4.1.1 竖向设计应以总体设计布局及控制高程为依据,应结合基地地质水文情况及原有植被,营造有利于雨水就地消纳和导引排水的地形,并应与相邻用地标高相协调,有利于相邻其他用地的排水。

4.1.2 竖向设计应协调好基地内建(构)筑物、植物、水体及场地排水、蓄水等相互之间的关系,有利于创造多种地貌和多种园林生态空间,丰富园林空间层次。

4.1.3 用土方填充物堆筑土山或土体做夯实处理,其表层覆盖土层厚度必须符合植物正常生长的要求。填充物不应含有对环境、人和动植物有害的污物或放射性物质。

4.1.4 园路和场地排水的坡度应根据其性质、功能和铺装饰面等因素确定,也可按表4.1.4确定。

表 4.1.4 园路和场地的排水坡度

园路、场地类型	最小排水坡度
园路	0.3%
硬质场地	0.3%
草地	1.0%
运动草地	0.5%
栽植地表	0.5%

4.1.5 绿地内的硬质场地坡度宜为1%~3%;种植区域的坡度宜为3%~30%;大中型乔木种植最大坡度不宜超过30%;草坪、

地被种植的最大坡度不宜超过 45%。

4.2 场　　地

4.2.1 绿地内原有的地形、地貌、植被、水体等宜保护和利用,必要时可因地制宜作适当改造。

4.2.2 对适宜栽植的原表土层,应加以保护并有效利用,必须根据地下常水位的高低确保地表至 0.8m~1.5m 深度范围内的适宜栽植土壤的再次利用。不适宜栽植的土壤应予以更换。石块类建筑垃圾应就地深埋于地表 2m 以下。

4.2.3 堆筑地形时,必须避开基地内的古树名木和生长良好的乔木林,其范围应为树冠投影外 3m~8m,且应有良好的排水条件;不得随意更改树木根颈处的地形标高。

4.3 土　　方

4.3.1 竖向设计宜就地平衡土方,并根据设计计算土方工程量,包括开挖土方量、运出土方量及运入土方量等。

4.3.2 当堆筑的土坡超过土壤自然安息角呈不稳定时,必须采用挡土墙、护坡等技术措施,减少坡面径流量,减缓径流速度,防止水土流失或滑坡。

4.3.3 土体堆筑高度应与堆筑范围的环境相适应,并应做承载力计算,防止土山位移、滑坡或大幅度沉降。

4.4 水　　体

4.4.1 绿地内与河道相通的水体需要挖掘或填埋时,应按照水务管理部门的要求,结合实际需求综合确定。基地内原有水体宜保护和利用。

4.4.2 水体设置的形式与深度应根据基地的实际情况及设计的功能定位合理确定。大面积的水体应有充足的水源和水量,宜充分利用地下渗透水作水源;小面积的水体可以人工补给水源。栽植水生植物及营造人工湿地时,水深宜为 0.1m～1.2m。

4.4.3 景观水体的设置应以生态和亲水为原则,水体宜循环利用。水体的常水位与池岸顶边的高差宜在 0.2m～0.4m 之间,不宜超过 0.5m。水体可设闸门或溢水口控制水位。

4.4.4 设置水体时应同步采取提高水体的自净能力和促进水质净化的具体措施。水体应以原土构筑池底并采用种植水生植物、养鱼等生物措施,促进水体自净。保水性差的原土应采取防渗漏措施。

4.4.5 生活污水和生产废水不得排入绿地及水体。在污染区及其邻近地区不得设置水体。

4.4.6 水体的驳岸、护坡,应确保安全、稳定和美观,并宜栽种护岸植物。

4.4.7 开放绿地内水体近岸边 2m 范围的水深不得大于 0.7m,达不到此要求时,必须设置安全防护设施及警示标志。

4.4.8 距离汀步 2m 范围内水深不得超过 0.5m,汀步石尺寸不宜小于 0.55m×0.35m。汀步石间净距不宜大于 0.5m。

5 种 植

5.1 一般规定

5.1.1 种植设计应以改善城市生态为目标,满足绿地总体布局、功能要求与景观效果。

5.1.2 种植设计应符合植物的生态习性和生理要求,体现植物配置的科学性、艺术性,宜通过科学合理的配置形成相对稳定、近自然的植物生态群落,发挥其生态效益和景观效益,同时便于后期的养护管理。

5.1.3 应利用植物的形态特征、观赏特性和季相色彩,合理配置,发挥其造景功能。

5.1.4 种植设计应确定植物景观整体与局部、统一与变化、主景与配景、近期与远期之间的关系。

5.1.5 种植设计应以乔木为骨架,搭配常绿与落叶、速生与慢长树,控制乔、灌、草的比例,形成不同层次的群落组合关系。

5.1.6 种植设计应保留和利用原有生长良好的乔、灌木,新配置的植物应与保留植物相互协调,组合成景,不得影响原有植物的生长。

5.1.7 植物配置应协调与地形标高、建筑朝向的关系。

5.1.8 具备条件的建筑物及场所应实施立体绿化和屋面绿化,并应符合现行上海市工程建设规范《立体绿化技术规程》DG/TJ 08-75 的有关规定。

5.1.9 乔木、特大灌木的种植点与地面公共设施的垂直与水平距离应符合国家相关规范要求。

5.2 土壤要求

5.2.1 绿化栽植土应符合下列规定：

1 栽植有效土层厚度应符合各类乔、灌、草植物的生长条件和栽植土层厚度要求，一般厚度宜为：乔木 1.2m～1.5m，灌木 0.6m～0.9m；地下室顶板上栽植覆土厚度应不小于 1.2m～1.5m。

2 土壤杂物：石砾粒径和含量应符合现行上海市工程建设规范《园林绿化栽植土质量标准》DG/TJ 08-231 对各类园林绿地栽植土的规定，土壤中不应有粒径≥5cm 的石砾，粒径<5cm 的石砾、瓦砾等杂物不得超过土壤体积的 10%。

3 土壤改良：植物种植前需进行土壤检测，掌握土壤理化性状，土壤质量不符合标准的应采取土壤改良措施，改良后的土壤标准宜达到：土壤有机质>2%；酸碱度(pH 值)为 6.5～7.5，盐碱土区域 pH 值控制在 8.5 以内；盐碱≤1‰，碳酸钙 $CaCO_3$<5%。

5.2.2 外进土方应符合园林绿地栽植土的要求。

5.2.3 种植土内严禁混入污染物，严禁使用污染的废弃物作为种植土。

5.2.4 种植土不宜使用沼泽土、淤泥、泥炭、液限大于 50% 及塑性大于 26% 的土，宜使用经过熟化和符合标准的树枝落叶、生活污泥等介质土。

5.2.5 可使用符合土壤质量标准的人工合成种植土，其土壤质量标准应符合现行行业标准《绿化种植土壤》CJ/T 340 或现行上海市工程建设规范《园林绿化栽植土质量标准》DG/TJ 08-231 的有关规定。

5.2.6 土壤裸露处除种植草坪、地被外，宜覆盖绿化环保覆盖物，并应符合现行上海市地方标准《绿化有机覆盖物应用技术规范》DB31/T 1035 的规定。

5.3 植物选择

5.3.1 植物选择应遵循适地适树原则,优选乡土植物或准乡土树种,提倡保护性利用场地植物资源,并应符合下列规定:

1 植物选择应注重其生态美、形态美与季相美,应利用植物的枝、花、叶、果等要素以及观赏季相特点,营造季相变化丰富的植物群落景观。

2 植物选择宜体现植物多样性,并应关注植物种群之间的竞争关系。

3 宜优选抗污染、滞尘、减噪能力强的植物、适生的新优植物、低维护植物。

4 应大力引种应用管理粗放,成本较低、节能耐旱型的木本植物,可自播繁衍的草本或宿根地被和花卉等。

5.3.2 植物选择宜保护场地内原有的良好植被,应采取有效措施避免有害物种入侵。

5.3.3 立体绿化植物品种的选择应符合现行上海市工程建设规范《立体绿化技术规程》DG/TJ 08-75 的有关规定。其中,屋面绿化应依据屋面的复杂程度及屋面结构的承载力、风力等因素进行种植设计,不应种植深根性乔木及根穿刺力强的植物种类。

5.4 种植设计

5.4.1 树林种植设计应符合下列规定:

1 树林设计应根据不同树种的生物学特性和后续养护要求,合理控制苗木的种植规格,用作树林树丛的乔木胸径宜为6cm~12cm;应严格控制胸径 18cm 以上的乔木比例;不应采用衰老淘汰的树木。

2 树林设计宜模仿自然生长的群落结构,宜采用单一树种

或多树种组成的混交林群落结构;单一树种形成的纯林种植面积
不宜过大。

3 应根据不同植物的特性和生长周期设定初植密度,苗木
种植间距应留出适宜的生长空间。

5.4.2 树丛种植设计应符合下列规定:

1 除特色林和特殊需求的小规模树林以外,一般树丛种植
设计应采用混交种植结构,并应保持合适的株距,形成疏密相间、
高低错落的群落结构和富有变化的林缘线。

2 树丛设计应根据乔木、灌木组合的高度、形态及色彩关
系,合理配置不同规格、不同类型的树种,保持不同树种之间的数
量相对平衡,形成优美的天际线。

3 专类园及有特殊纪念意义的区域可适当增加专类树种的
种植比例,使之能独立成景。

5.4.3 孤植树种植设计应符合下列规定:

1 孤植树宜选树冠完整、形态优美、规格较大、有季相变化
的乔木或大灌木。

2 种植位置宜选择空旷和位置显著的场地,突出树木的形
态和色彩,以形成绿地的标志景观,并与背景树及周边环境相
协调。

3 冠大荫浓的乔木宜结合绿道、座椅等休憩活动场所进行
种植。

5.4.4 花境植物宜以不同观赏期的一、二年生花卉、宿根、球根
花卉及小灌木或观赏草为主,设计应注重不同植物的色彩、密度、
形态的协调,并应注重其竖向层次变化。

5.4.5 花坛植物宜以同一花期、植株密集、色彩鲜艳的一、二
生花卉为主;花坛设计应注重平面(或立面)的整体图案、花纹和
色彩效果。

5.4.6 草地与地被种植设计应符合下列规定:

1 应根据草地(坪)的用途选择草种,优选上海地区适生的

耐践踏、绿叶期长、耐修剪的种类。林下不宜布置草坪。

2 缀花草地设计应选择自播花卉,并应具备后续更新条件。

3 地被植物选用应区分林下阴生区域及林外阳生区域,应优选观赏期长且易于更新的地被植物种类,宜采用不同观赏期、不同休眠期地被植物组合种植。

5.4.7 儿童园种植设计应符合下列规定:

1 宜种植色彩鲜明、花果枝叶有科普作用的植物品种。

2 宜种植冠大荫浓的乔木,常绿与落叶树比例宜为 3:7~4:6,庇荫面积宜大于儿童活动范围的 50%,乔木枝下净高应大于 1.8m。

3 严禁种植对儿童活动有危害的植物。

5.4.8 老年活动区常绿乔木比例应不大于 40%,乔木枝下净高应不小于 2.2m;宜种植对人体有益的保健型植物。

5.4.9 停车场种植设计应符合下列规定:

1 绿地内宜设置绿荫停车场,庇荫面积应大于 65%。

2 可种植高大遮阴乔木,形成树阵式绿荫停车场。优选冠大荫浓的落叶乔木,乔木枝下净高:小型汽车停车场不小于2.5m;中大型汽车停车场不小于 3.7m;大型货车停车场不小于 4.5m。

3 可结合硬质棚架种植藤本植物,形成棚架式绿荫停车场。优选观花或观叶的落叶藤本植物。棚架高度及藤本枝叶控制高度应与乔木枝下净高一致。

5.4.10 绿地内坐凳上方及周边不得种植有尖刺和分泌黏液的植物。

5.4.11 滨水岸边应结合临水空间的特点,选择耐水湿、抗风的植物品种。

5.4.12 下凹式绿地、雨水花园和植被浅沟等宜采用耐水湿植物。

5.4.13 适当控制生长势较强的植物配置比例,以利于绿地植物种类的多样性。

6 园林建筑及其他设施

6.1 一般规定

6.1.1 园林建筑小品设计应符合绿地总体设计的功能和景观要求。

6.1.2 绿地内茶室、餐厅、公共厕所、售票处等园林建筑应设置无障碍设施;园林亭、廊、花架等宜设置无障碍设施;无障碍设施设计应符合现行国家标准《无障碍设计规范》GB 50763 的规定。

6.1.3 绿地内的建筑应控制与利用雨水径流。屋面坡度小于等于 15°的单层或多层建筑宜采用屋顶绿化。

6.1.4 面积大于 4ha 的绿地应设置养护道班房、垃圾房等设施。

6.1.5 用于绿化种植的地下室顶板,其标高应低于地块周边道路地坪最低点标高 1m 以上。

6.2 茶室、餐厅、卖品部

6.2.1 绿地内茶室、餐厅、卖品部应以供应快餐、饮品等简单热加工食品为主,不宜设置大型餐饮设施,且必须符合卫生、环保要求。

6.2.2 绿地内茶室、餐厅等服务建筑应设置厕所,并宜设置室外座位空间。

6.3 厕 所

6.3.1 绿地内厕所的设置应符合总体设计的要求,服务半径不应超过 250m;厕所的布局应方便人流的聚散,不应将厕所布置在过分隐蔽和边远的地方;节假日厕位不足时,可设活动厕所补充。绿地内厕所设计应符合现行上海市工程建设规范《公共厕所规划和设计标准》DG/TJ 08－401 的规定。

6.3.2 绿地内厕所中,女厕位与男厕位(含小便站位)的比例不应小于 2：1;男厕小便站位与大便位比例宜为 1：1～2：1。

6.3.3 大便器宜以蹲便器为主,男女厕位应至少分别设置 1 个蹲位;厕位数量超过 2 个的,应至少分别设置 1 个坐位。大、小便的冲洗应采用自动感应或脚踏开关冲便装置。洗手龙头、洗手液宜采用非接触式器具,并应配置烘干机。

6.3.4 卫生器具应符合现行行业标准《节水型生活用水器具》CJ 164 的规定。循环用水应符合现行国家标准《城市污水再生利用城市杂用水水质》GB/T 18920 的规定。

6.3.5 每个大便器应有一个独立的单元空间,并应配置坚固、耐腐蚀的挂物钩;小便器站位应有高 0.8m 的隔断板,隔断板离地高 0.6m。

6.3.6 男女厕所应分设前室,或有遮挡措施。入口处应设明显的性别标志。男厕大便、小便应分室。

6.3.7 厕所宜设置独立的清洁间。

6.3.8 厕所地面、墙面或墙裙的面层应采用不吸水、不吸污、耐腐蚀、易清洗的材料。

6.3.9 厕所地面应防滑,并应有坡度坡向地漏或水沟。

6.3.10 绿地内厕所平均每厕位建筑面积不应小于 5m^2;单体总建筑面积不应小于 70m^2。

6.3.11 绿地内厕所中应设置第三卫生间,宜与无障碍厕间合建。第三卫生间应设单独出入口,使用面积不应小于 6.5m^2。第三卫生间应设置方便哺喂母乳、婴幼儿护理等的母婴设施。

6.3.12 绿地内厕所的建筑通风、采光面积之和与地面面积比不宜小于 1：8。

6.4　水池、喷泉

6.4.1　水池外围应设置池壁、台阶、护栏等防止儿童、盲人跌落的设施,地面应采取排水、防滑措施。水池附近的地表水、喷溅溢出水不得直接排入水池,宜收集处理后循环使用。

6.4.2　水池近岸 2m 范围内的水深不得大于 0.7m;池壁顶至池底高差大于 0.7m 的,必须设置防护设施。

6.4.3　儿童戏水池的水深不得超过 0.35m,池壁装饰材料应平整、光滑且不易脱落,池底应有防滑措施,宜设置过滤装置。

6.4.4　水池内种植水生植物时,应设置盛器或砌筑种植池。

6.4.5　水池的池底及池壁应采取防渗措施。

6.4.6　喷泉喷水高度不宜大于水池半径或短边的 1/2。

6.5　饮水台

6.5.1　绿地内在人流密集处和活动健身场地宜设置室外饮水台,其水质必须符合现行国家标准《生活饮用水卫生标准》GB 5749 的有关规定。

6.5.2　饮水台高度应满足残障人士及儿童使用要求,并宜设轮椅停留位置。

6.5.3　饮水台宜采用自动饮水器,并应采取溢水和排水措施。

6.6　标识系统

6.6.1　指示标识应采用国家现行标准规定的公共信息图形,可引用相关国际标准。

6.6.2　绿地内的主要道路、建筑、服务设施等应提供多种标志和信息源。

6.6.3 绿地内标识标志应设警示标识,其设置方式应满足现行上海市地方标准《绿化和市容公共信息图形标志设置规范》DB31/T 607的要求,并应符合下列规定:

1 标识牌应满足夜间需求。

2 城市绿地中涉及游客安全处,必须设置相应警示标识。城市绿地中的水池、大型湿塘、雨水湿地等设施必须设置标记、警示牌、地面警示线、救生圈等安全警示系统,景观设计必须保证警示标记的视线通畅,保证人员的安全。

6.7 儿童游戏及健身活动设施

6.7.1 儿童游戏设备必须保证儿童安全,并应兼顾舒适与美观,其尺度应与儿童的人体尺度相符,并应能激发儿童自发地进行创造性游戏。

6.7.2 常用儿童游戏设施宜以滑梯、秋千和沙坑为主。

6.7.3 沙坑宜设置在有日照的地方;沙坑周围应设 10cm~15cm 的坑缘;坑内应有排水措施。

6.7.4 儿童游戏及健身活动场地应采用沙地、土地或橡胶地板块,并应有场地排水设施。

6.7.5 室外儿童游戏设施使用的结网及捆扎用合成绳索应符合现行国家标准《建筑材料及制品燃烧性能分级》GB 8624 的阻燃规定。绳索及绳网用作防护承载时,除向上荷载外,护栏网顶部及绳网任意一点的集中负荷不应小于 890N。护栏网的竖向载荷应为 1kN/m,同时需满足绳索材料、紧固件及连接件的设计载荷要求。防护承载绳网网眼单边尺寸不应大于 150mm。

6.8 树池、花坛

6.8.1 树池与盖板尺寸要求可按表 6.8.1 规定执行。树池宜设排水设施。

表 6.8.1 树池与盖板尺寸要求

树高（m）	树池尺寸（m）	树盖板尺寸（m）
3～5	直径不小于 0.8，深度不小于 0.7	不小于 1.2
5～7	直径不小于 1.2，深度不小于 1.0	不小于 1.5
7～10	直径不小于 1.8，深度不小于 1.2	不小于 2.0

6.8.2 花坛高度应适宜，高度为 0.4m～0.6m 的高位花坛可与坐凳结合进行设计；花坛应有排水措施。

6.9 围墙、护栏、车挡

6.9.1 绿地不宜设置围墙；必须设围墙的，宜采用透空花墙或围栏，其高度宜为 0.8m～2.2m。

6.9.2 围墙、围栏应不宜爬越，不得安装刺铁丝、碎玻璃等致伤设施。

6.9.3 围墙、围栏用料应便于清洗和维修。不应采用损伤人体的材料，装饰构件间距尺寸应满足不夹头、不夹手、不夹脚。

6.9.4 绿地内的示意性护栏高度不宜大于 0.4m。限制车辆进出的护栏高度宜为 0.5m～0.7m。

6.9.5 游人正常活动范围边缘临空高差大于 0.9m 处，应有防护设施，其高度应大于 1.05m；防护设施应以坚固、耐久的材料制作，防护栏的活荷载取值应按本标准第 6.9.10 条规定执行。防护设施应采用不宜攀登的构造；当采用垂直杆件作栏杆时，其杆件净距不应大于 0.11m。

6.9.6 防护性护栏的设计应防止倚靠和就坐。墙式护栏墙顶坡度宜大于 30°,常规护栏顶部栏杆宽度宜小于 50mm,可采用垂直构件顶部为钝角的圆滑塔形护栏。

6.9.7 护栏严禁采用锐角、利刺等形式,防护性护栏不得采用绳索,护栏玻璃应使用符合现行行业标准《建筑玻璃应用技术规程》JGJ 113 规定的安全玻璃。

6.9.8 防护性护栏两侧不应设置可攀爬装置或其他可能暗示攀爬的物品。

6.9.9 架空步道、平台、驳岸或天桥的防护性护栏应采用垂直或板式构件,装饰构造应避免足踏或其他可攀爬构件,底部需设结构翻边。结构翻边顶到步行面的垂直高度不宜小于 100mm。材料应坚固;如有开洞,则洞口尺寸不得大于 25mm。

6.9.10 防护护栏的活荷载取值应符合现行国家标准《建筑结构荷载规范》GB 50009 的有关规定,防撞栏杆应符合现行行业标准《城市桥梁设计规范》CJJ 11 的有关规定。

6.9.11 限制车辆通行的区域应设置车挡,车挡前后应设置长度不小于 1.5m 的平地。在有紧急车辆和管理用车出入的地点,应选用可移动式车挡。

6.10 驳岸、挡土墙

6.10.1 驳岸应根据绿地总体设计的平面线形、竖向控制点以及水位和流速进行设计。

6.10.2 土质驳岸宜采用坡度为 1∶2～1∶6 的缓坡;坡度较陡或水位变化较大的水岸,宜种植既能护岸且能净化水质的湿生、水生植物。

6.10.3 相邻台地间高差大于 1.5m 时,应在挡土墙顶部或坡比值大于 0.5 的护坡顶部加设安全防护设施。

6.10.4 土质护坡的坡比值应小于或等于 0.4;砌筑型护坡的坡

比值宜为 0.5～1.0。

6.10.5 人流密度大、工程地质条件差、降雨量多的地区,不宜采用土质护坡。

6.10.6 挡土墙的高度宜为 1.5m～3m,超过 6m 时宜退台处理,且退台宽度不应小于 1m;在条件许可时,挡土墙宜以1.5m高度退台。

7 园路、广场、园桥

7.1 一般规定

7.1.1 园路设计应与绿地总体设计同步,按游览、交通、生产、养护、消防、抗震防灾等要求,设置完整的路网系统。人行道应相对平整,表面应做防滑处理,且应保证通畅无障碍。

7.1.2 广场宜根据集散、活动、演出、赏景、休憩等功能要求进行设计。

7.1.3 园桥应根据功能、等级、通行能力及抗洪防灾要求,结合水文、地质、通航、环境等条件进行综合设计。车行桥的设计应满足消防通车要求。

7.2 园 路

7.2.1 园路平面线形应与地形、水体、植物、建筑物、地质、水文等结合。

7.2.2 园路纵断面设计应满足沿线地形、建筑物、地下管线、地质、水文、气候和排水等要求。

7.2.3 园路宜分为主路、次路、支路、小路四级。

7.2.4 园路根据通行要求,宽度应符合下列规定:

    1 通行机动车的主路宽度不应小于 4m,通行双向机动车道的主路宽度不应小于 7m。

    2 利用主路、次路边设停车位时,不应影响有效通行宽度。

    3 主路、次路改变方向时,应满足车辆最小转弯半径要求;消防车园路应按消防车最小转弯半径要求设置。

7.2.5 园路坡度应符合下列规定:

1 主路、次路的纵坡不应小于 0.3％,且不应大于 8％,其坡长不应大于 200m;山地区域的主路、次路纵坡不应大于 12％,其坡长不应大于 80m;当园路坡度大于 8％时,应设缓冲段与城市道路连接;超过 12％时应做防滑处理。

2 支路、小路的纵坡不应小于 0.3％,亦不应大于 18％;纵坡超过 15％的路段,路面应做防滑处理;纵坡超过 18％,应按台阶设计;台阶每升高 1.2m～1.5m,宜设置休息平台;坡度大于50％的梯道应做防滑处理,并宜设置护栏设施。

3 自行车专用道的坡度宜小于 2.5％;当坡度大于或等于2.5％时,纵坡最大坡长应符合现行行业标准《城市道路工程设计规范》CJJ 37 的有关规定。

4 园路横坡:主路、次路横坡宜为 1.5％～2.5％;支路、小路横坡宜为 1％～2％。

7.2.6 园路经过水文地质条件不良地段时,应提高路基标高,以保证路基稳定。路基标高不能提高时,应采取稳定路基的措施。

7.2.7 园路应优先满足使用功能,在保证路面路基强度及稳定性等安全性要求的前提下,路面设计宜采用透水铺装材料,增加场地透水面积。透水铺装可根据城市地理环境与气候条件选择适宜的做法。透水铺装除满足荷载、透水、防滑、耐磨、美观等使用功能和耐久性要求外,尚应符合下列规定:

1 透水铺装对园路路基强度和稳定性的潜在风险较大时,可采用半透水铺装结构。

2 土壤透水能力有限时,应在透水铺装的透水基层内设置排水管或排水板。

3 当透水铺装设置在地下室顶板上时,顶板覆土厚度不应小于 600mm,并应设置排水层。

7.2.8 园路基层应具有适当强度和水稳定性;支路、小路宜采用透水性路面,不应使用光面石材,应慎重使用表面粗糙的自然面石材。

7.2.9 园路出入口处铺装的结构和厚度应根据上部荷载确定。

7.3 广 场

7.3.1 广场设计坡度应符合本标准第 4.1.5 条的规定,并应根据需要设排水沟渠。阶梯式广场应在不同表面修建排水沟。下沉式广场应有排水措施。

7.3.2 饰面材料宜采用毛面材质,光面饰材比例不应超过 15% 且边长不得大于 150mm,儿童活动区域禁止使用光面材质。

7.3.3 建筑雨棚下铺装材料不宜采用光面材质。

7.3.4 演出场地应有方便观演的适宜坡度和观众席位,并应满足人员疏散要求。

7.3.5 应根据不同人群的活动特点设置活动场地,并应采取遮阴措施。

7.4 木栈道

7.4.1 木栈道选用天然木材的,应经过防腐处理。

7.4.2 非架空木栈道的基层处理应有一定的排水坡度,铺面木材不应密闭。

7.4.3 架空木栈道结构材料与铺面材料之间应连接牢固。固定用金属构件应作防腐蚀处理。

7.5 台阶、坡道

7.5.1 台阶设置应符合下列规定:

　　1 室外台阶踏步数不应少于 2 级;当高差不足 2 级时,应设置坡道。

　　2 室外台阶踏步的踏面宽度不宜小于 0.3m,踢面高度不宜大于 0.15m;高差小于 0.1m 时,应设置坡道。踏步完成面应防滑。

3 室外台阶踏面应有排水坡度,边缘宜增设警示防滑条,边缘倒角不宜大于 20mm。

7.5.2 坡道设置应符合下列规定:

1 坡道坡度不宜大于 1∶10;供轮椅使用的坡道坡度不应大于 1∶12;困难地段不应大于 1∶8。

2 坡道应有防滑措施。

3 坡道两端应设置平段与周边过渡,坡道两侧宜设置扶手栏杆。

7.5.3 残障人士使用的室外台阶和坡道应符合现行国家标准《无障碍设计规范》GB 50763 的相关规定。

7.6 园 桥

7.6.1 园桥应根据总体设计、交通流向需要确定通行、通航尺度,园桥纵轴线宜与水流主流流向正交;不能正交时,宜采用斜交或弯桥。

7.6.2 通航河流上桥梁上桥位的选择,除应符合总体设计,选择在河道顺直、河床稳定、水深充裕、水流条件良好的河段上外,还应符合现行国家标准《内河通航标准》GB 50139 中关于水上过河建筑物选址的要求。

7.6.3 园桥涵洞应有必要的通风、排水和防护措施及维修空间。

7.6.4 车行园桥长度大于 30m 时,应设置防撞护栏,可结合栏杆也可单独设置;在不对社会开放,且限速 20km/h 情况下,可取消桥两侧防冲撞栏杆。

7.6.5 开放绿地内不设防护栏杆的园桥桥面两侧,必须设置宽度不小于 2m 的水下安全区,其水深不得超过 0.5m。不符合安全区设置要求的,应加装栏杆,其栏杆高度不应小于 1.1m。

8 结　构

8.1　一般规定

8.1.1　绿地结构设计内容包括人工地形、园路园桥、景观河道、园林建筑及园林小品等。

8.1.2　绿地地形设计应贯彻低影响开发理念,顺应场地条件,以自然地形为主,有山借山、有水顺水,高处堆山、低处挖湖,宜满足场地土方平衡,慎重选择大规模堆山、叠石。

8.1.3　绿地范围内的园林建筑应运用新理念、新技术,优先采用环保节能新材料,并应符合国家、行业和本市现行有关标准的规定,不应采用严重不规则的设计方案。在一个结构单元中,不宜采用多种结构体系。

8.2　人工地形、假山

8.2.1　人工地形设计之前,应做好全面调查研究,充分收集堆场范围的地质、水文、地形、地貌、气象等资料,应掌握周边地下管线及河道情况。

8.2.2　人工地形堆土高度应根据场地的地勘报告、周边河道、建筑物、需保护的市政管线分布情况等综合确定。在自然土基面上堆土超过 4m 时,应对土体稳定及地基承载力、变形进行分析和计算,明确堆土速率及监测要求,并应通过计算分析堆填土对周边河道、建筑物、需保护公共设施的影响。

8.2.3　人工地形原场地的地基处理,应综合分析场地条件、填方高度、周边环境等要求,进行技术、经济比较,并结合场地试验确定地基处理方案,满足人工山体对变形及稳定性的要求。地基处理应符合国家、行业和本市现行相关标准的规定。

8.2.4 人工地形的设计方法应符合下列规定:

1 分层堆筑法:在原始地坪上,采用堆筑材料人工分层堆筑地形。

2 架空法:结合配套服务设施,山体内部采用结构构架,表层覆土满足种植要求。

3 分层堆筑与架空法结合使用:在满足地基承载力范围内采用堆筑材料、之上采用结构构架减小地形自重,满足地形设计要求。

8.2.5 人工地形堆筑材料应符合下列规定:

1 应选用级配较好的砾类土、砂类土等粗料土,以及在最佳含水量状态下能被压实到规定的密实度,以形成稳定填方的各类材料。

2 人工地形堆筑材料有机质含量应小于5%,且不得含有冻土和膨胀土;当含有碎石时,其粒径不宜大于50mm。

3 山体内部可采用不含污染和放射物质的建筑垃圾填充,建筑垃圾最大粒径不宜大于300mm;堆筑2m厚度建筑垃圾,宜堆筑1m厚的素土以加强粘结。

4 山体表面应有一定厚度的种植土以满足种植要求,种植土应符合本标准第5章的要求。

8.2.6 结合配套设施采用架空法设计山体时,地下建筑的设计除应符合国家、行业和本市现行有关标准的规定外,屋面设计还应符合现行行业标准《种植屋面工程技术规程》JGJ 155的有关规定。

8.2.7 人工山体的边坡坡度应根据填料的类型、山体的高度确定,并满足压实要求。压实填土的边坡坡度允许值应符合现行行业标准《建筑地基处理技术规范》JGJ 79的有关规定,山体较陡处,应进行边坡稳定分析,并采取有效的护坡措施。采用土工合成材料护坡时,材料应用、设计计算和施工检测应符合现行国家标准《土工合成材料应用技术规范》GB/T 50290 的有关规定。

8.2.8 除采用泡沫聚苯乙烯板块填充外,土方地形施工应分层堆筑、分层压(夯)实、分层检测和验收。压实标准应符合下列规定:

 1 停车场和路面区域:停车场、休闲广场、园区主要道路,地坪以下 1.5m 压实系数 0.95,其余部位压实系数 0.9。

 2 种植区:植物种植区域、草地区域以下的土层,压实系数 0.8～0.85,顶部 0.5m 种植土层宜用人工堆筑人工整平。

 3 建筑物区域:压实厚度、压实标准、施工要求、质量检验,均应符合现行行业标准《建筑地基处理技术规范》JGJ 79 的有关规定。

 4 景观小品:压实景观小品底部及周边 1m 范围的填土,地坪以下 1.5m 范围内压实系数不小于 0.97,其余位置压实系数不小于 0.90。

8.2.9 叠石设计应对石质、形态、尺寸有明确设计要求,叠石之间应有效连接。除天然山石外,宜采用人工塑石。

8.2.10 人工塑石假山宜采用钢结构框架、支撑性钢筋焊接而成假山骨架,上覆金属丝网,涂抹可雕塑的面层。钢框架设计应符合现行国家标准《钢结构设计规范》GB 50017 和《钢结构焊接规范》GB 50661 的有关规定;支撑性钢筋宜采用 HPB400 钢筋,直径应不小于 6mm;可雕塑面层厚度宜不小于 150mm。

8.3 景观河道

8.3.1 景观河道在设计之前,应充分收集地质、水文、地形、地貌、气象等基础资料,应掌握周边地下管线情况。对于存在砂质粉土的场地,应控制河道标高,并采取一定的施工措施。

8.3.2 景观河道的防水措施应符合下列规定:

 1 钢筋混凝土自防水:适用于规则、面积不大的水景,混凝土标号不应小于 C25,抗渗等级 P6。

    2   优质黏土:适用于生态协调要求高的水景。

    3   膨润土防水毯等土工合成材料:材料应用、设计计算和施工检测应符合现行国家标准《土工合成材料应用技术规范》GB/T 50290 的有关规定。

8.3.3   河道两侧应优选与总体景观相融合、自然生态的驳岸形式。挡土墙结构形式应根据地质条件、水文条件、场地环境、挡土高度、墙后地面堆载情况、景观设计要求、施工条件及技术经济分析等因素综合比较确定。

8.3.4   挡土墙自身结构计算可按现行行业标准《水工挡土墙设计规范》SL379 执行,基础设计可按现行上海市工程建设规范《地基基础设计标准》DGJ 08—11 执行。

8.4 景观小品

8.4.1   单层钢筋混凝土亭、廊、花架等园林小品的设计应符合现行国家标准《混凝土结构设计规范》GB 50010 的有关规定。柱矩形截面短边尺寸不宜小于 250mm,圆形截面不宜小于 ϕ250;钢筋混凝土结构的混凝土强度等级不应低于 C20;采用强度等级 400MPa 及以上的钢筋时,混凝土强度等级不应低于 C25。

8.4.2   钢亭、廊、花架等园林小品的设计应符合现行国家标准《钢结构设计规范》GB 50017 的有关规定;焊接应符合现行国家标准《钢结构焊接规范》GB 50661 的有关规定,手工焊接用焊条的质量标准应符合现行国家标准《碳钢焊条》GB/T 5117 或《低合金钢焊条》GB/T 5118 的有关规定;工厂焊接应采用自动或半自动焊,焊丝的性能应符合现行国家标准《气体保护电弧焊用碳钢、低合金钢焊丝》GB/T 8110 的有关规定。单层钢亭等景观小品在确保结构安全的前提下,可适当放松长细比及构件断面要求,以满足景观设计的造型要求。

8.4.3 钢结构应根据环境条件、材质、结构形式、使用要求、施工条件和维护管理条件等进行防腐蚀设计。钢材表面采用喷射(抛丸)除锈方法,除锈等级应符合现行国家标准《涂装前钢材表面锈蚀等级和除锈等级》GB 8923 中 Sa2.5 级的有关规定;钢结构表面应做好全面的防腐措施,包括底漆涂层、中间漆涂层、面漆涂层,防腐蚀保护层最小厚度应符合现行行业标准《建筑钢结构防腐蚀技术规程》JGJ/T 251 的有关规定。

8.4.4 钢结构的检测应按现行国家标准《钢结构工程质量检测评定标准》GB 50221 执行;对一、二级焊缝应进行无损检验及所有焊缝进行外观检测,应符合现行国家标准《钢结构焊接规范》GB 50661 的有关规定。

8.4.5 钢筋混凝土喷水池、旱喷泉及泵房,当入土深度在地下水位以下时,应分析地下水浮力的作用。

8.4.6 当水池体型复杂,或平面尺寸较大,或荷载变化大,或池底跨越工程性质迥异的土层时,宜将水池平面划分为若干形体简单、受力均匀、结构合理、刚度良好的结构单元,使水池能较好地适应地基的变形。单元间用沉降缝连接。

8.4.7 钢筋混凝土景观水池的长度、宽度较大时,应设置适应温度变化的伸缩缝,伸缩缝间距应符合表 8.4.7 的规定。

表 8.4.7　钢筋混凝土水池伸缩缝最大间距(单位:m)

	岩基		土基	
	露天	地下式或有保温措施	露天	地下式或有保温措施
装配整体式	20	30	30	40
现浇	15	20	20	30

注:1 对地下式或有保温措施的水池,施工闭水外露时间较长时,应按露天条件设置伸缩缝。

　　2 当在混凝土中加添加剂或设置混凝土后浇带以减少伸缩变形时,伸缩缝间距可根据经验确定,不受表格数值限制。

8.4.8 水池的伸缩缝或沉降缝应做成贯通式,在同一剖面连同顶板、底板、侧壁一起断开。伸缩缝的宽度不宜小于 20mm,沉降缝的宽度不应小于 30mm。水池伸缩缝或沉降缝的防水构造应由止水带、填缝板、嵌缝材料组成。

8.4.9 水池受力构件的混凝土强度等级不应低于 C25;垫层混凝土强度等级不宜低于 C15。

8.4.10 钢筋混凝土景观水池底板厚度不宜小于 200mm,侧壁厚度不宜小于 150mm;受力钢筋的混凝土保护层最小厚度应符合现行国家标准《混凝土结构设计规范》GB 50010 环境类别二 a 的规定。

8.4.11 钢筋混凝土景观水池结构构件的最大裂缝宽度不应大于 0.2mm。受力钢筋宜采用直径较小的钢筋配置,每米宽度内不小于 4 根,且不宜超过 10 根。受力钢筋的最小配筋百分率应符合现行国家标准《混凝土结构设计规范》GB 50010 的有关规定,构造钢筋的最小配筋百分率不应小于 0.15%。

8.4.12 位于填土上的景观小品和构筑物、景观水池、广场地坪需作基础加固处理,以满足地基承载力要求及控制不均匀沉降。地基处理可采用换填法、预压法、强夯法、碎(砂)石桩法、注浆法等,应按现行上海市工程建设规范《地基处理技术规范》DG/TJ 08－40 的有关规定执行。

8.5 园路和园桥

8.5.1 绿地中的主园路应根据总体设计要求,合理进行交通组织设计,确定路网,进行道路平纵横以及路面结构设计。园路设计应符合国家、行业和本市现行有关标准的规定。

8.5.2 车行道、人行道及广场包括路基、路面设计。路基设计包括:路基的填料选择,路基边坡、路基压实度、路基强度要求,路基排水,路基防护等。如遇软弱及特殊路基,需另行处理。路面设计包括：路面材料的选择、配比、强度计算确定各层厚度。

8.5.3 车行园桥的设计应符合现行行业标准《城市桥梁设计规范》CJJ 11 的有关规定，且必须在园桥两端设置明显限载标志。

8.5.4 人行园桥活荷载取值应按现行国家标准《公园设计规范》GB 51192 的有关规定执行，栏杆荷载取值按现行国家标准《建筑结构荷载规范》GB 50009 有关规定执行，并在桥两端设车障。

8.5.5 人行桥、栈道应满足舒适度的要求。

9 给水排水

9.1 一般规定

9.1.1 绿地给排水设计应以上海市总体规划和河道水系、园林绿地、环境保护、给水排水等专项规划为主要依据,综合分析绿地的地形、植被、景点和各专业管线布置要求等各要素,做到设计合理、施工方便、运行安全。

9.1.2 给水排水设计应充分利用绿地周边已有的市政给水排水管网和相应设施。

9.1.3 给水排水设计应积极、合理地采用新技术、新工艺、新设备和新材料。

9.1.4 绿地用水应以节约水资源为原则,满足用水需求,合理科学用水,严格控制用水总量,全面提高用水效率,促进水资源可持续利用。

9.2 给水水量、水源、水质、水压

9.2.1 绿地用水一般包括下列各项内容:园林建筑生活用水、灌溉绿化用水、冲洗场地和园路用水、水景用水、消防用水、管网漏损水量和未预见水量。用水定额应符合下列规定:

  1 灌溉绿化、冲洗场地和园路、水景用水一般按每天使用时间的平均小时用水量计入。

  2 园林建筑生活用水包括:公共厕所、卖品部、简单餐饮等,可按每游客每天 4L～6L 计算,每天用水时间为 8h～16h,小时变化系数为 1.5～1.2。

3 灌溉绿化用水量应根据植物、气候和土壤等条件确定;无相关资料时,可按 $2L/m^2 \cdot d \sim 3L/m^2 \cdot d$ 计算。

4 冲洗场地和园路用水量应根据铺面种类确定,一般采用 $1L/m^2 \cdot d \sim 2L/m^2 \cdot d$。

5 水景的补水量应根据蒸发、飘失、渗漏、排污等损失确定,一般为循环水量的 $2\% \sim 5\%$。

6 管网漏损水量和未预见水量之和可按最高日用水量的 $8\% \sim 12\%$ 计算。

7 园林建筑、停车场等的消防用水量应符合现行国家标准《建筑设计防火规范》GB 50016、《消防给水及消火栓系统技术规范》GB 50974、《汽车库、修车库、停车场设计防火规范》GB 50067 等的有关规定。

9.2.2 绿地给水系统设计应综合利用各种水资源,实行分质供水,并应符合下列规定:

1 生活用水、雾喷用水和与人体直接接触的水景用水,应优先采用自来水。当采用其他水源时,其水质应符合现行国家标准《生活饮用水卫生标准》GB 5749 的有关规定。

2 灌溉绿化、冲洗场地和园路、补充水景用水应首选地表水、雨水作为水源,水质不宜低于现行国家标准《地表水环境质量标准》GB 3838 中 IV 类水的要求;利用再生水作为灌溉和冲洗用水水源时,其水质应符合现行国家标准《城市污水再生利用城市杂用水水质》GB/T 18920 的有关规定;利用再生水作为水景补充用水水源时,其水质应符合现行国家标准《城市污水再生利用景观环境用水水质》GB/T 18921 的有关规定。

9.2.3 不宜用市政自来水作为水景补水水源。

9.2.4 给水系统应保持适宜的工作压力,并应符合下列规定:

1 绿地中的给水系统采用市政供水时,应利用市政给水管网的水压直接供水;当市政管网的水压不能满足系统要求时,应进行加压设计。

2 绿化灌溉给水管网从地面算起最小服务水压应为0.1MPa,当绿地内有堆山和地势较高处需供水,或所选用的灌水设备有特定压力要求时,其最小服务水压应按实际要求计算。

9.3 给水系统

9.3.1 灌溉植物、冲洗场地和园路用水采用市政给水时,可与生活和消防给水系统合并,当合并在技术和经济上不合理时,可采取独立系统。

9.3.2 严禁市政自来水给水管道与其他给水管道连接。

9.3.3 装有埋地灌水设备的给水系统,如采用市政自来水作为供水水源,从市政管道接出时,应有防倒流污染措施。

9.4 绿化灌溉系统

9.4.1 绿化灌溉宜采用喷灌和微灌等节水技术,根据气象、土壤、植被、地形等因素科学合理地采用设计参数和灌溉方式,避免形成地表积水或径流,并宜符合下列规定:

1 草坪、地被等根系浅且分布密集、均匀的种植区,宜采用喷灌技术将土壤表面全部灌水。

2 乔木、灌木、花卉等种植区,宜采用微灌技术对植物根系附近的土壤进行局部灌水。

3 对无条件采用喷灌和微灌技术的绿地,可采用洒水栓灌水器进行手工灌溉。

9.4.2 灌溉系统的工作制度宜按轮灌方式制定,当绿地面积较小时可采用续灌方式。轮灌方式应符合下列规定:

1 轮灌组数量应满足绿化需水要求,使灌溉面积与水源的可供水量相协调,各轮灌组的流量宜一致,当流量相差超过20%,宜采用变频设备供水。

2 同一轮灌组中宜采用同一种型号的喷头,并且植物品种一致或对灌水的要求相近。

9.4.3 在自然水头或管网水压能够满足喷灌要求的绿地,应采用自压型喷灌系统,采用开敞水体作为系统水源的,应采用加压型喷灌系统。

9.4.4 新建绿地宜采用固定型喷灌系统,已建成绿地可采用移动型喷灌系统。

9.4.5 以地表水为水源的喷灌系统,当水质不能满足要求时,宜设置净化设备。

9.4.6 宜选择低压力远射程的灌溉喷头。

9.4.7 在灌溉用水的管线及设施上,应设置防止误饮、误接的明显标志。

9.5 污水系统

9.5.1 绿地应采用雨水、污水分流制排水方法。

9.5.2 应在绿地中建立污水管道系统,将生活污水收集并直接排入绿地周围的市政污水管道。绿地周围无市政污水管道的,应在绿地中设置生态污水处理设施,将污水处理达标后循环使用。当散置在绿地各处的园林建筑离市政污水管网较远,建立污水管网系统从经济上不合理和技术上有难度时,可在建筑附近单独设置小型生态污水处理设施,将污水处理达标后循环使用。

9.5.3 绿地内园林建筑等排出的生活污、废水量一般可按生活用水量的 90% 计。室内排水按现行国家标准《建筑给水排水设计规范》GB 50015 的有关规定执行。其污水管网设计流量应按污水排水最大小时流量之和确定。

9.5.4 污水不得直接排入绿地内的水体中。当必须排入时,应经过处理符合现行上海市地方标准《污水综合排放标准》DB 31/199 的有关规定,同时还应达到受纳水体的水质要求后才能排放。

9.6　雨水系统

9.6.1　绿地中的雨水应充分利用绿地的渗蓄作用,采用"渗、滞、蓄、净、用、排"等多种技术措施实现雨水资源化的目的。绿地建成后不得增加雨水径流量和雨水外排量。

9.6.2　应按上位专项规划确定绿地年径流总量控制目标、年径流污染控制目标、排水防涝标准和雨水资源利用率。

9.6.3　超过雨水径流控制要求的雨量以溢流形式排放。降雨强度公式应按现行上海市地方标准《暴雨强度公式与设计雨型标准》DB 31/T 1043 执行。

9.6.4　绿地雨水入渗宜采用自然下渗和透水铺装、渗透管沟、景观洼地等相结合的方法实现雨水就地入渗。径流污染严重的化工厂、油库、加油站等附属绿地和垃圾填埋场等绿地内,不应采用渗透设施。

9.6.5　降落在绿地和景观水体上的雨水宜就地储存并用于绿地灌溉、场地园路冲洗和景观水体补水,储存雨水可采用下列方式:

　　1　景观水体设置高于常水位的溢水位,形成调蓄空间,并根据汇水面积及降水条件确定水位标高和调蓄容量。

　　2　硬质地面应在汇水面低处设置雨水口、明沟等集水设施,设施顶面标高宜低于地面 10mm～20mm,集水设施应具有拦污截污功能。

　　3　种植地面宜在汇水面低洼处设置滞蓄型植草沟、碎石盲沟、生物滞留设施等集水设施,所收集雨水可溢流入景观水体中。

9.6.6　绿地中湿塘、雨水湿地、生物滞留设施等必须设置警示标识和预警系统。

9.6.7　绿地应有排涝措施,水体和雨水系统应有排出至市政水体和市政雨水系统的措施。

9.7 景观水池、水体给水排水

9.7.1 与人体直接接触的景观娱乐用水,水质标准不应低于现行国家标准《地表水环境质量标准》GB 3838 中的 Ⅲ 类水标准;与人体非直接接触的观赏用水,水质标准不应低于现行国家标准《地表水环境质量标准》GB 3838 中的 Ⅳ 类水标准。

9.7.2 绿地中景观水体应保持自然河床,并形成活水,利用水体的自净能力来保护和改善水质。

9.7.3 景观水体宜为流动水体,可采用瀑布、叠水、喷泉等方法进行水体复氧。

9.7.4 景观水体应以原土筑底,并采用生态驳岸形式,通过种植水生植物、放养水生动物、建立生物浮岛等生态措施,提高水体自净能力。

9.7.5 以雨水、再生水为补水水源的景观水体,在水源进入处的滨水区应设置植被缓冲带,种植耐污染、具有净化功能的耐水湿或水生植物。

9.7.6 园路及场地的初期雨水宜经沉沙处理后排入水体。

9.7.7 对集中雨水排入口,应在雨水进入水体之前采用初期雨水弃流装置、前置塘、雨水湿地等水质净化及消能设施。

9.7.8 喷泉工程应采用池水循环供水方式。

9.7.9 水池应有补水、放空和溢水的措施,并应符合下列规定:

　　1 放空宜采用重力泄空方式,排水条件不允许时,可设排水泵强制放空。放空管上应设阀门,放空时间宜为 12h～48h。

　　2 室外水池的溢水管管径应满足降雨量计算要求。

9.7.10 喷泉工程宜采用耐腐蚀管材,室外喷泉管道系统应有防冻的放空措施。

9.7.11 喷泉水池的有效容积应不小于 5min～10min 的最大循环流量,水深应满足喷头安装要求,同时也应满足水泵最小的吸水深度要求。

9.7.12 与游人直接接触的戏水池和旱喷泉中的水泵选用应符合本标准第10.5.6条的要求。

9.8 管网敷设

9.8.1 绿地内的管线不得破坏景观，并应符合安全、卫生、节约和便于维修的要求。

9.8.2 绿地内给排水管线的敷设方式和间距应符合现行国家标准《城市工程管线综合规划规范》GB 50289 的有关规定。

9.8.3 给排水管敷设应避开不良地基，宜敷设在未经扰动的原状土层上，或经夯实的回填土上。对于淤泥和其他承载力达不到要求的地基，应进行基础处理。埋设深度在车行道下不应小于0.7m，在绿地下不宜小于 0.5m。达不到此要求，应采取加固措施。

9.8.4 给水管道宜沿围路随地形敷设在绿地内，在管路系统高处应设自动排气阀，在管路系统最低凹处宜设自动泄水阀。

9.8.5 排水管线的敷设宜按管线短、埋深小、自流排出的原则进行敷设。排水管线宜布置在园路外侧的绿地内，与乔灌木中心间应有 1.5m 的水平距离；布置在园路和场地中的排水管线，检查井盖宜加修饰伪装。

10 电气及智能化

10.1 一般规定

10.1.1 绿地电气设计中配电设备及灯具的选型及安装应与周围环境设计相协调。

10.1.2 应按照绿地的使用功能开展景观照明设计,应保障市民夜晚出行、活动的安全,应塑造舒适和谐的夜间光环境并兼顾白天景观的视觉效果。

10.2 供配电

10.2.1 绿地用电负荷应根据对供电可靠性的要求及中断供电对人身安全、经济损失上所造成的影响程度进行分级。通信系统、安全技术防范系统、应急照明等用电应为二级负荷;电动游乐设施应按照其特点,分析中断供电可能造成的影响后,合理确定用电负荷分级。

10.2.2 供配电系统设计应简单可靠,配电级数不宜过多,低压配电不宜超过三级。各级配电柜(箱)预留的备用回路数宜为总回路数的 20%。

10.2.3 绿地中户外安装的配电箱外壳防护等级应为 IP54 及以上,外壳材质宜采用金属材料。

10.2.4 室外照明配电系统应装设专用电能计量表具,宜设置能耗监测系统。

10.2.5 室外照明设备供电电压等级为 220/380V 时,其供电半径不宜超过 0.5km。照明灯具的端电压应能保证灯具的正常工作,不宜大于其额定电压的 105%,且不宜低于其额定电压的 90%。

10.3 照 明

10.3.1 绿地园路系统的主路应设照明设施,支路宜设照明设施,照明标准值宜符合表 10.3.1 的规定。

表 10.3.1 园路照明标准值

园路级别	路面平均照度 $E_{h,av}$(lx)维持值	路面最小照度 $E_{h,min}$(lx)维持值	最小垂直照度 $E_{v,min}$(lx)维持值	最小半柱面照度 $E_{sc,min}$(lx)维持值
主路	10	2	3	2
支路	7.5	1.5	2.5	1.5

注:最小垂直照度和半柱面照度的计算点或测量点均位于道路中心线上距路面 1.5m 高度处。最小垂直照度需计算或测量通过该点垂直于路轴的平面上两个方向上的最小照度。

10.3.2 绿地照明应按照明质量、景观效果、节能指标和环保要求选择合适的光源,功能性照明的光源应有良好的显色性,其一般显色指数 R_a 不应小于 80。

10.3.3 室外照明应选用符合能效标准的光源,宜为 LED 光源;应采用功率损耗低、性能稳定的灯用附件;在满足眩光限制和配光要求的条件下,应采用效率高的灯具;有条件的场所宜采用太阳能、风能等可再生能源。

10.3.4 绿地景观照明及灯光造景应避免产生对行人不舒适的眩光,不应对乔木、灌木和其他花卉生长产生不利影响。

10.3.5 室外照明设施应分区或分组集中控制,宜采用光控、时控或智能控制的方式,并应具备手动控制功能。绿地照明控制系统宜预留联网接口,为遥控或联网监控等创造条件。

10.4 管 线

10.4.1 绿地中配电线路截面的选择,应符合下列规定:

1 按线路敷设方式及环境条件确定的导体载流量不应小于计算电流。

2 线路电压损失应满足用电设备正常工作及启动时端电压的要求。

3 线路最小截面应满足机械强度的要求。

10.4.2 绿地中的室外配电线路宜采用电缆穿保护管埋地敷设的方式,也可采用电缆直接埋地敷设的方式。

10.4.3 采用电缆穿保护管埋地敷设时,应符合下列规定:

1 保护管的内径不宜小于电缆外径的 1.5 倍,管径不宜小于 40mm。

2 保护管埋深不宜小于 0.5m,距排水沟底不宜小于 0.3m,穿越车行道时埋深不宜小于 0.7m 并应采用金属导管。

3 在电缆牵引张力限制的间距处、电缆分支处、电缆接头处、管路方向较大改变处、管路坡度较大且需防止电缆滑落的必要加强固定处应设置电缆井,电缆井间宜预留备用管,电缆井间的距离不宜大于 100m。

10.4.4 采用电缆直接埋地敷设时,应符合下列规定:

1 电缆应采用有外护层的铠装电缆。

2 同一路径敷设的室外电缆不宜大于 6 根。

3 在有化学腐蚀或杂散电流腐蚀的土壤中,不得采用直接埋地敷设。

4 电缆外皮至地面的深度不应小于 0.7m,并应在电缆上下分别均匀铺设 100mm 厚的细砂或软土,并覆盖混凝土保护板或类似的保护层。

5 电缆通过车行道和可能受到机械损伤的区域时,应穿保护管敷设,埋深不宜小于 1m。

10.4.5 直埋敷设的电缆严禁平行敷设于地下管道的正上方或正下方,电缆与电缆或其他设施相互间容许最小净距应符合表10.4.5的规定,表中所列净距应自各种设施的外缘算起,照明供电电缆与道路灌木丛平行距离不限。

表 10.4.5 电缆与电缆或其他设施相互间容许最小净距(m)

电缆直埋敷设时的配置情况	平行	交叉
控制电缆之间	—	0.5①
10kV 及以下电力电缆之间,或与控制电缆之间	0.1	0.5①
10kV 以上电力电缆之间,或与控制电缆之间	0.25②	0.5①
不同部门使用的电缆	0.5②	0.5①
电缆与地下热力管沟	2.0③	0.5①
电缆与地下油管或易(可)燃气管道	1.0	0.5①
电缆与地下其他管道	0.5	0.5①
电缆与建筑物基础	0.6③	—
电缆与道路边	1.0③	—
电缆与排水沟	1.0③	—
电缆与树木的主干	0.7	—
电缆与 1kV 及以下架空线电杆	1.0③	—
电缆与 1kV 以上架空线杆塔基础	4.0③	—

注:① 用隔板分隔或电缆穿管时,不得小于 0.25m。

② 用隔板分隔或电缆穿管时,不得小于 0.1m。

③ 特殊情况时,减小值不得大于 50%。

10.5 安全防护

10.5.1 绿地低压配电系统接地型式应采用 TT 系统或 TN 系统,室外线路宜采用 TT 系统并设置剩余电流保护器(RCD)作为接地故障保护。

10.5.2 室外安装的配电箱及智能化箱应装设适宜的电涌保护器(SPD)。

10.5.3 绿地配电系统中每个分支回路应装设剩余电流保护装置。

10.5.4 安装在人员可触及的防护栏上的照明装置应采用安全特低电压(SELV)供电,否则应采取防意外触电的保障措施。

10.5.5 安装在室外的灯具外壳及接线盒的防护等级不应低于IP54;埋地灯具外壳防护等级不应低于IP67。

10.5.6 绿地中游泳池、喷水池和戏水池等特殊场所的安全防护设计应按现行国家标准《低压电气装置 第7-702部分:特殊装置或场所的要求 游泳池和喷泉》GB/T 16895.19执行。

10.5.7 灯具及安装固定件应具有防止脱落或倾倒的安全防护措施;对人员可触及的照明设备,当表面温度高于70℃时,应采取隔离保护措施。

10.5.8 绿地中人员密集场所及处于易受雷击区域的公共娱乐设施、大型雕塑、金属护栏、古树名木等均应做好防雷措施。

10.6 智能化

10.6.1 绿地内宜设置通信网络系统、公共广播系统、安全技术防范系统、智能求助系统。

10.6.2 游人较多的绿地主入口、主要游览道路旁、主要景点宜设置多媒体信息发布与查询系统,有条件的绿地宜设置移动导览系统。

10.6.3 宜按绿地的类别、规模及需求,建设有特色的智慧型绿地,做好对接智慧城市的技术准备。

10.6.4 绿地内需要在室外安装的智能化系统设备,宜共杆设置,杆件整体造型应美观并与环境融合,有条件的场所可与照明系统共杆设置。

本标准用词说明

1 为便于在执行本标准条文时区别对待,对要求严格程度不同的用词说明如下:

　　1)表示很严格,非这样做不可的用词:

　　　　正面词采用"必须";

　　　　反面词采用"严禁"。

　　2)表示严格,在正常情况下均应这样做的用词:

　　　　正面词采用"应";

　　　　反面词采用"不应"或"不得"。

　　3)表示允许稍有选择,在条件许可时,首先应这样做的用词:

　　　　正面词采用"宜"或"可";

　　　　反面词采用"不宜"。

　　4)表示有选择,在一定条件下可以这样做的用词,采用"可"。

2 本标准条文中指定应按其他有关标准、规范执行时,写法为:"应符合……的规定"或"应按……执行"。

引用标准名录

1 《地表水环境质量标准》GB 3838

2 《碳钢焊条》GB/T 5117

3 《低合金钢焊条》GB/T 5118

4 《生活饮用水卫生标准》GB 5749

5 《气体保护电弧焊用碳钢、低合金钢焊丝》GB/T 8110

6 《建筑材料及制品燃烧性能分级》GB 8624

7 《涂装前钢材表面锈蚀等级和除锈等级》GB 8923

8 《低压电气装置 第7－702部分:特殊装置或场所的要求 游泳池和喷泉》GB/T 16895.19

9 《城市污水再生利用 城市杂用水水质》GB/T 18920

10 《城市污水再生利用 景观环境用水水质》GB/T 18921

11 《建筑结构荷载规范》GB 50009

12 《混凝土结构设计规范》GB 50010

13 《建筑给水排水设计规范》GB 50015

14 《建筑设计防火规范》GB 50016

15 《钢结构设计规范》GB 50017

16 《汽车库、修车库、停车场设计防火规范》GB 50067

17 《内河通航标准》GB 50139

18 《钢结构工程质量检测评定标准》GB 50221

19 《城市工程管线综合规划规范》GB 50289

20 《土工合成材料应用技术规范》GB/T 50290

21 《钢结构焊接规范》GB 50661

22 《无障碍设计规范》GB 50763

23 《消防给水及消火栓系统技术规范》GB 50974

24 《公园设计规范》GB 51192

25 《城市桥梁设计规范》CJJ 11

26 《城市道路工程设计规范》CJJ 37

27 《建筑地基处理技术规范》JGJ 79

28 《建筑玻璃应用技术规程》JGJ 133

29 《种植屋面工程技术规程》JGJ 155

30 《节水型生活用水器具》CJ 164

31 《建筑钢结构防腐蚀技术规程》JGJ/T 251

32 《绿化种植土壤》CJ/T 340

33 《水工挡土墙设计规范》SL 379

34 《地基基础设计标准》DGJ 08—11

35 《地基处理技术规范》DG/TJ 08—40

36 《立体绿化技术规程》DG/TJ 08—75

37 《园林绿化栽植土质量标准》DG/TJ 08—231

38 《公共厕所规划和设计标准》DG/TJ 08—401

39 《应急避难场所设计规范》DG/TJ 08—2188

40 《污水综合排放标准》DB31/199

41 《绿化和市容公共信息图形标志设置规范》DB31/T 607

42 《绿化有机覆盖物应用技术规范》DB31/T 1035

43 《暴雨强度公式与设计雨型标准》DB31/T 1043

上海市工程建设规范

绿 地 设 计 标 准

DG/TJ 08－15－2020
J 11525－2020

条 文 说 明

2020　上海

目　次

Contents

1 总　则

1.0.1　经过近十年的发展,在包括上海世博会等具有国际影响力的特大型项目推动下,上海的绿地设计水准有了不同程度的提高。对标国际绿地设计的先进水平,在设计理念、设计手法、材料应用等方面尚有可提升的空间,上海的绿地设计水准需要在原有基础上不断提升,以适应上海城市及绿地设计发展的需要。本标准符合《上海市城乡规划条例》和《上海市控制性详细规划技术准则》的有关规定,并根据国家相关绿地设计的规范、标准而制定。

1.0.2　由于绿地的涵盖范围比较大,除公园绿地外,还包括防护绿地、广场用地、附属绿地等类型的绿地(现行行业标准《城市绿地分类标准》CJJ/T 85)。不同类型的绿地,其功能需求不同,对应的设计要求也不同,设计标准也应有所区别。本标准主要适用于上海的公园绿地设计。

1.0.3　绿地内各种园林建(构)筑物和设施等设计除执行本标准外,尚应符合国家现行有关设计标准的规定。

2 术 语

2.0.1 公园绿地的定义,参见现行行业标准《城市绿地分类标准》CJJ/T 85。

2.0.11 这里关于花境的定义,参见《园林花卉应用设计》(第3版)中国林业出版社,2015年。

2.0.13~2.0.15 这里关于下凹式绿地、植被浅沟的定义,参见北京市地方标准《城市雨水利用工程技术规程》DB11/T 685。

3 总 体

3.1 一般规定

3.1.3 绿地设计的主体是植物。植物以乔木为主,乔木、灌木、地被相结合。

3.1.7 在有条件的公园绿地内设置健身活动场地,方便市民健身活动。

3.1.9 按照国家积极推进海绵城市建设的要求,绿地设计应扎实地推进绿地海绵型低影响开发雨水系统,通过雨水花园、水洼、湿塘等形式,提高对地表径流雨水的渗透、调蓄、净化、利用和排放能力,并选择合适的乡土植物。应按住建部《海绵城市建设技术指南(试行)》执行。

3.1.12 新建绿地地下室开发指标,除已经批准的详细规划另有规定外,应符合下列规定:

　　1 新建绿地面积小于 0.3ha(含 0.3ha)的,禁止地下室开发;新建公园绿地面积超过 0.3ha 的,可开发地下室占地面积不得大于绿地总面积的 30%,原则上用于建设公共停车场等项目。

　　2 新建绿地面积小于 0.5ha 的,禁止设置地下变电站、泵站等市政公共服务设施项目(市政绿化综合用地除外)。

　　3 新建绿地的地下室占地面积超过 0.5ha 的,不得整片连续布局,应当按照面积不大于 0.5ha 的空间为单元,分散布局,单元之间可以设置宽度不大于 10m 的连接通道;新建绿地地下室用作公共停车场时,公共停车场占地面积按照 0.8 倍计入地下室开发指标。

3.1.15 上海为老龄化程度较高的城市,绿地应设置健身活动场所,大树浓荫占天不占地,生态实用。

3.2 布 局

3.2.1 绿地内严禁共享单车进入;但在设置非机动车停车场时,可允许共享单车停放。

3.2.2 关于绿地内吸烟区域的设置要求部分内容引自《上海市公共场所控制吸烟条例》。

3.2.3 绿地设置健身活动区时,应合理布置活动地点,除了安全、方便因素外,尽可能选择在远离居民住宅的区域,并适当选用常绿植物予以遮挡和隔离,以降低对周边环境的影响。

3.2.6 现状的地貌、地物指原有的地形、标高、构筑物、水体、树木等。

4 竖 向

4.1 一般规定

4.1.1 竖向设计必须以总体设计为依据,其用地范围和控制标高既不能超出总体设计范围,更不得任意发挥或随意修改总体设计所确定的控制标高。同时在竖向设计中,也应考虑用地范围内的雨水径流问题。

4.1.2 竖向设计应在总图设计的基础上,除了创造一定的地形空间景观外,还应为植物种植设计和排水设计创造良好的基础条件,为植物的良好生长和雨水的排蓄创造必要的条件。

4.1.4 表 4.1.4 中关于草地、运动草地、栽植地表的资料引自《园林工程》(南京林业大学编)和《景观设计师便携手册》([美]尼古拉斯·T.丹尼斯等著,中国建筑工业出版社,2002)。园路、硬质场地坡度数值引自现行行业标准《城市道路工程设计规范》CJJ 37。

4.2 场 地

4.2.1~4.2.2 此两条是为了保护、利用基地内的原有资源,尤其是自然水系、树木及原种植土表层。

4.2.3 本条主要是在地形设计中要确保古树名木以及乔木林的存活。

4.3 土 方

4.3.2 本条是为了防止水土流失或滑坡。

4.3.3 本条是为了防止土山位移、滑坡或大幅度沉降而破坏周边环境。

4.4 水 体

4.4.4 采用水生植物、养鱼等生态措施时需要进行生态调查,植物品种选择、鱼类品种选择需结合水体实际生态系统,避免外来物种入侵造成生态水体平衡破坏。

4.4.5 本条是为了确保绿地内的水体不受生活污水和生产废水的污染。

4.4.7~4.4.8 此两条是在开放绿地、水体的相关设计中既满足游人亲水的需求,又能确保意外落水有水平安全缓冲距离。

5 种 植

5.1 一般规定

5.1.2 植物配置宜垂直层相对简单,减少整形灌木密植,倡导自然式。

5.2 土壤要求

5.2.1 绿化栽植土应符合下列规定:

    3 有建筑垃圾资源化利用要求的应按相关技术规范执行。

    上海金山、浦东、崇明和奉贤等区,土壤偏盐碱,当土壤盐碱含量超过 1g/kg 时,宜改良后再绿化,并采用种植耐盐碱植物及局部换土、排盐等综合措施,不宜大量换土。

5.2.3 污染物指土壤中含有对植物生长不良的成分,如化学物质等。

5.4 种植设计

5.4.7 对儿童活动有危害的植物指:构骨、火棘、月季等带刺植物和天南星科、大戟科、夹竹桃科、石蒜科中的部分汁液有毒的植物等。

5.4.12 下凹式绿地、雨水花园和植被浅沟等指城市绿地结合雨水控制和利用所设的工程设施。

5.4.13 在绿地植物的配置设计中,应确定常绿与落叶植物的比例,已达到控制生长势较强植物的目的。如上海地区生长势较强的植物一般指香樟、夹竹桃等。

6 园林建筑及其他设施

6.2 茶室、餐厅、卖品部

6.2.1 绿地内茶室、餐厅、卖品部等服务设施应以提供快餐、饮料、咖啡等简单热加工食品为主,以满足游人的基本饮食需求,规模应与游人容量相适应;不宜设置需要明火的大型中餐馆。

6.3 厕 所

6.3.1 市中心区绿地内游人一般较多,特别在节假日或有大型活动时,由于游人停留时间长,厕所使用的频率较高,因此可设活动厕所作为补充;相关服务建筑内的厕所均可计入服务半径。

6.4 水池、喷泉

6.4.6 喷水易受风吹影响而飞散,设计时应慎重选择喷泉的位置及喷水高度,特别是大型喷泉,应在附近适宜位置安装风速测试仪,根据不同的风速调整喷泉喷高。

6.5 饮水台

6.5.2 一般饮水台高度为 0.8m 左右,供儿童使用的高度在 0.65m 左右,较高的为 1m~1.1m。儿童使用的饮水台应安装 0.1m~0.2m 的踏台,在结构和高度上还要保证残障人士使用轮椅的方便。

6.6 标识系统

6.6.2 除了一般标识外,还应满足视残者、肢残者等各种残障人士的不同要求,以各种符号和标志帮助引导其行动路线和到达目的地。

6.6.3 现行上海市地方标准《绿化和市容公共信息图形标志设置规范》DB31/T 607 规定了公共信息图形标志的使用场所、设置原则和设置要求。本条在此基础上增加标示的夜间使用需求以及安全警示标示设置时对观察者的视线畅通要求。

6.7 儿童游戏及健身活动设施

6.7.2 3 岁以下的幼儿需要家长的保护,常使用沙坑、滑梯、秋千等游乐设施,4 岁以上的儿童已可利用各种游戏设施与同伴携手游戏。

6.7.3 沙坑周围应设 10cm~15cm 的坑缘,以防止沙土流失或地面雨水灌入;同时坑内应敷设暗沟排水,避免坑内积水。

6.8 树池、花坛

6.8.1 树木种植、移植时,树池是根部泥球所需的基本空间。一般,树高、胸径、根部大小、根系水平决定了所需有效树池的大小。树池盖板则是用于人行道、广场等处树木的一种根部保护装置,它既可保护树木根部免受践踏,又便于行人步行。

6.9 围墙、护栏、车挡

6.9.5 高度应从地面至防护设施顶面垂直计算,如底部有宽度大于或等于 0.22m,且高度小于或等于 0.45m 的可踏部位,应从可踏部位顶面起计算。

6.9.11 车挡的高度一般为 0.7m。车挡设置间隔为 0.6m;有残疾车出入的地方一般为 0.9m~1.2m。

7 园路、广场、园桥

7.1 一般规定

7.1.1 园路设计要与抗震防灾规划相结合。绿地内园路必须保证有通畅的疏散通道,并在因地震诱发的如电气火灾、水管破裂、煤气泄漏等次生灾害时,能保证消防、救护、工程救险等车辆的出入。

7.2 园 路

7.2.5 园路坡度应符合下列规定:

　　2 台阶踏步的高度小于 0.1m 时,游人上下台阶会磕绊,容易发生危险,应调整或取消台阶,亦可做成坡道。

7.2.7 透水铺装适用区域广、施工方便,可补充地下水并具有一定的峰值流量削减和雨水净化作用,在城市绿地内应优先利用透水铺装消纳自身径流雨水,有条件的地区建议新建绿地内透水铺装率、改建绿地内透水铺装率应符合现行国家标准《城市绿地设计规范》GB 50420 的规定;但透水铺装易堵塞,寒冷地区有被冻融破坏的风险,因此在城市绿地内使用透水铺装时,必须根据其适用性,选用不同的材料和透水方式,并采取必要的措施以防止次生灾害或地下水污染的发生。透水铺装结构还应符合现行行业标准《透水砖路面技术规程》CJJ/T 188、《透水沥青路面技术规程》CJJ/T 190 和《透水水泥混凝土路面技术规程》CJJ/T 135 的规定。

7.3　广　场

7.3.1　现行国家标准《公园设计规范》GB 51192 第 5.1.4 条和现行行业标准《城乡建设用地竖向规划规范》CJJ 83 第 5.0.3 条规定:广场规划坡度宜为 0.3%～3%,地形困难时,可建成阶梯式广场。

7.4　木栈道

7.4.1　用于室外的木材,由于要受到温度、湿度等环境条件影响,使用时为防止木材开裂、反翘、弯曲等现象,必须选用经防腐处理的木材;同时从保护环境和方便养护出发,应选择加注的防腐剂对环境污染小的木材。

7.5　台阶、坡道

7.5.2　坡道设置应符合下列规定:

　　3　结合城市老龄化进程,城市绿地应增加适用于老年人的相关设施。

8 结 构

8.1 一般规定

8.1.2 上海地区的土层情况为:浅层②土层薄,地基承载力特征值普遍在 70kPa～90kPa 之间,下层的③、④土层承载力低,压缩量大,在需要大面积建造地形时,应进行认真的调查、收集资料、做可行性分析,并应贯彻"低影响开发理念",慎重选择大规模堆山、叠石。

8.1.3 绿地里的茶室、服务用房等公共建筑不因规模小而降低要求,应遵循国家、行业和本市现行的规范要求进行设计。规则对称的建筑物有利于抗震,此规定的目的:为了避免过大的偏心距引起过大的地震扭矩,避免抗侧力构件出现薄弱部位或塑性变形集中。由于园林建筑体量小、造型要求高等特点,对体型复杂或采用不同结构形式的建筑物,应尽量设缝脱开。

8.2 人工地形、假山

8.2.1 山体堆筑的地勘报告与建筑类的地勘有所不同,除了需查明拟建山体所在场地荷载影响范围的土的类型、地层分布、深度、工程特性,分析和评估地基的稳定性、均匀性和承载力外,还应对山体的填料、山体坡比、堆筑高度、土体排水,以及边坡稳定、山体下的基础加固、监测等进行评估和建议。

8.2.2 上海地区浅层土的持力层薄,且此层土的地基承载力特征值普遍在 70kPa～90kPa,下层的淤泥质黏土层承载力低、含水量高、压缩量大,如堆载过大,需进行地基承载力和软弱下卧层验算;不满足时,需采取合适的地基加固处理,否则变形过大,影响使用要求。大面积堆土,会对周边建筑物及管线产生很大影响,须加强监测。

根据上海的土层情况,土山体在堆筑达 4m 左右时,宜暂缓施工,完成地基及堆土本身的部分沉降和固结,以后的堆筑速度宜尽量放缓,以确保山体的安全和质量;监测分为表层位移监测和深层位移监测,根据场地土层情况、山体高度、堆筑速率等设计。

若自然土层首层杂填土和耕植土厚度过厚,或浅层土的持力层缺失,或存在明、暗浜时,在山体堆筑前须对场地进行加固处理;否则,堆土高度小于 4m 的山体,仍需进行土体稳定和地基承载力、沉降的分析和计算。

8.2.3 人工地形堆筑前,应综合分析场地条件、填方高度、周边环境等要求,进行技术、经济比较,并结合场地试验确定原场地地基处理方案。地基处理方案包括预压、强夯、复合地基等。地基处理设计应符合国家现行相关规范、标准的规定。

对原始土基的浅层软土就地固化处理,是利用固化剂对软土等土体进行就地强力搅拌固化处理,使土体达到一定强度,一般处理 28d 后,土体强度可达 120kPa 以上。由于添加剂对土壤有污染,在绿化密集区域应谨慎使用或采取一定的措施。

8.2.4 分层堆筑法与架空法结合使用时,应综合分析、计算。

8.2.5 分层堆筑法的堆筑材料可选用粉质黏土、粉土、级配良好的砂土或碎石土。以碎石作填料时,其最大粒径不宜大于 100mm;以粉质黏土、粉土作填料时,其含水量宜为最优含水量,可采用击实实验确定;用黏性土做土山填料时,宜在施工前先做好最佳含水量实验,在无实验条件下,通常控制含水量在 18%~22%;淤泥和淤泥质土,一般不能用作填方,经处理含水量符合要求后,可用于软土地区填方中的次要部位。

压实填土的质量控制、每层铺填厚度及压实系数应符合现行行业标准《建筑地基处理技术规范》JGJ 79 的有关规定。

8.2.6 架空结构的基础直接作用于填土上时,填土的承载力宜通过现场静载荷试验确定,须满足基础设计的要求。

8.2.7 轻质填充材料在市政路基上应用广泛,景观山体的堆筑可以借鉴,在应用过程中应注意材料之间、材料与土体之间的连接;材料的密度、抗压强度、燃烧自灭性的要求,以及边坡的稳定设计,应按相应的市政规范执行。

施工过程中,对进场的材料必须进行抽样检查,检查内容包括形状尺寸、密度、抗压强度、燃烧自灭性和平整度等。

8.2.8 景观小品是指单层的亭、廊、花架等,对复杂的、多层观景塔等仍应按建筑的相关规范执行。

8.3 景观河道

8.3.1 本标准中的景观河道是指绿地公园的河道水体,仅通行游船,区别于有防汛、泄洪功能的城市河道,区别于水利工程中的河道。

上海局部地区土层存在砂质粉土,在地下水位较高的季节,河道和基坑开挖较深时,易产生流沙现象,需引起重视,否则会对周边的建筑物和管线产生影响。

8.3.2 钢筋混凝土自防水施工周期长、成本高,适用于平面规则、水体面积小的景观水池;优质黏土防水利于生态平衡,但水位标高、与驳岸等交界处防水效果难以控制;采用膨润土膜等人工合成材料防水较钢筋混凝土便于施工,更能充分体现景观河道的蜿蜒曲折,但在接头的处理上应根据产品的特性妥善解决。

8.3.3 景观河道驳岸应优选与总体景观相融合的、自然生态的形式,应根据地质情况、挡土墙高度选择:块石挡墙、钢筋混凝土挡墙及生态护坡、石笼挡墙、木桩、仿木桩等轻型挡土墙。对于游轮码头、有游船经过的驳岸区域,宜优选硬质驳岸或采用块石护坡,减少堤岸土体流失。

8.4 景观小品

8.4.1 绿地里的中小型公共建筑,应符合我国现行的国家结构规范的规定。对一些小品建筑在满足结构安全的前提下,可适当减小构件尺寸,以满足新颖、轻巧的建筑造型需要。对于景观亭、廊、花架等小品,可采用钢、木结构取代钢筋混凝土结构,以达到景观设计要求和便于管线隐蔽。

8.4.2~8.4.4 景观小品越来越多采用钢结构,此三条仅就设计和检测用引用规范的方式表达,给设计人员提供依据。

9 给水排水

9.1 一般规定

9.1.1 本条是关于给排水工程设计与上位各规划和其他专业设计相互协调的规定。绿地内的给排水工程设施,是保障绿地正常运行的重要基础设施,应与城市的水利防洪、道路交通、园林绿地、环境保护、市政管线、海绵城市建设等专项规划和设计密切联系。

9.1.2 充分利用绿地周边已有的市政管网和相应设施也是建设节约型绿地的一种手段。绿地周边可利用的市政管网和相应设施主要为市政给水管线、市政消防管线、市政污水管线和市政雨水管线。市政管线是为了方便周边地区的使用而建,绿地内的给排水管线直接和市政管线对接,将避免绿地在相关设施上进行重复建设。绿地内生活和消防用水应充分利用绿地周边已有的市政管网和相应设施,尤其是绿地内的用水点大都为不超过二层的高度,市政水压基本能满足供水要求;绿地内生活污水排放点相对集中或靠近周边市政污水管网的应直排入市政污水管网,其他散置的污水排放点且距市政污水管网较远的,是采用敷设较长的污水管网,还要经过中途提升才能排入市政污水管网,还是直接采用小型的可靠合理的污水处理设施就地处理达标排放,应视场地具体情况经过技术经济比较来确定排污方案;绿地内雨水应以零排放为目标,就地蓄存、消化;绿地灌溉用水首先应采用绿地内水系作为水源,其次是采用雨水,市政给水应斟酌使用。

9.2 给水水量、水源、水质、水压

9.2.1 在绿地中有多种用水情况,主要的大量用水是绿化灌溉用水。

2 绿地中园林建筑较少,常见的为公共厕所、卖品部和简易的餐饮部,因此,绿地中的生活用水主要是公共厕所的用水。在没有可计算的相关资料时可按高峰时游客人数来计算绿地的生活用水量;若绿地中建有大型的综合性公共建筑,或有管理办公用房,则其生活用水量应按现行国家标准《建筑给水排水设计规范》GB 50015执行,另行计算并计入绿地生活总用水量。

3 绿地中大量的用水是绿化灌溉用水,不同的植物其需水的要求大相径庭,有些植物耐旱,有些植物湿生;温度、湿度的变化也会影响植物对水的需求;土壤的入渗性和保水性也会对植物的灌溉水量产生影响。因此,为了更好地利用有限的水资源,在有相关资料的情况下,应据实精确地计算植物的需水量。

5 室内水池因很少受到风和高温的影响,因此水池的蒸发和飘失可不计,只计算渗漏和排污的水量,补水量可按循环水量的2%~3%计算;室外水池的水量因受到蒸发、飘失、渗漏、排污等损失,故其补水量要高于室内水池,补水量可按循环水量的3%~5%计算。对于非循环式供水的镜湖、珠泉等静水景观,建议每月排空放水1次~2次。

若水景池水除自身造景外还有他用,如绿化灌溉、兼作消防水池等,则补水量还应计入其他用途的水量。

6 降低给水管网漏失率是节能减排、提高供水效益的重要措施之一。近年来,给水管材的耐腐蚀性能、接口连接技术等均有明显提高,有效地降低了给水管网的漏失率。本条将给水管网漏失水量和未预见水量之和的上限从原规范的15%下调至12%。

9.2.2 合理地利用水资源,避免水的损失和浪费,是保证我国国民经济和社会发展的重要战略问题。凡是可用作城市各种用途的水均为水资源。绿地给水设计时应贯彻减量化、再利用、再循环的原则,综合利用各种水资源。

9.2.3 为了贯彻国家的"节水"政策,杜绝大量使用市政自来水作为水景补充水,标准不提倡用市政自来水作为水景补水水源。但属于体育设施的游泳池、戏水池等不属此列。另外,现行的相关规范也有规定:现行国家标准《住宅建筑规范》GB 50368 中第4.4.3条"人工景观水体的补水严禁使用自来水"和现行国家标准《民用建筑节水设计规范》GB 50555 中第4.1.5条"景观用水水源不得采用市政自来水和地下进水。"两部现行国家标准都已对水景补水水源提出了严格的要求,并规定了强制性条款。

9.2.4 给水系统应保持适宜的工作压力,并应符合下列规定:

2 绿地中经常会人工堆筑各种高度的土山,当山体上有用水点,其压力应按用水点所处高度进行计算,并根据需要采取加压措施;当绿化灌溉采用喷头等设备时,因大多数喷头须在一定的压力下才能弹出喷嘴喷水,因此在进行系统设计时,必须使所供压力满足喷头的工作压力要求,必要时也应采取加压措施。

9.3 给水系统

9.3.2 为了防止其他管道系统的水倒流入市政自来水管道,使市政自来水受到污染,应严禁市政自来水给水管道与其他给水管道连接。

9.3.3 为了防止地面积水通过埋地灌水设备倒流入市政自来水管道,必须采取防倒流污染措施。

9.4 绿化灌溉系统

9.4.1 喷灌系统的设计参数主要有喷灌强度、喷灌均匀度、水滴打击度和植物需水量等。设计应符合现行国家标准《喷灌工程技术规范》GB/T 50085 和《微喷工程技术规范》GB/T 50485 的规定。

9.4.2 灌溉系统的工作制度有续灌和轮灌两种。续灌是对系统内的全部管道同时供水,即整个灌溉系统作为一个轮灌区同时灌水,一般只适用于面积较小的草地。对于绝大多灌溉系统,一般采用轮灌的工作制度,即将需灌溉的绿地分为若干块,并将灌溉管网的支管划分为若干组,每组包括一个或多个阀门,灌水是通过干管向各组轮流供水。轮灌组划分应符合下列规定:

1 轮灌组的数目确定首先应满足植物需水的要求,同时,还应与水源的可供水量相协调,每组小时需水量不应大于水源的小时供水量。对于由水泵供水的灌溉系统,每个轮灌组的总流量尽可能一致或相近,使水泵运行稳定,提高水泵的工作效率。当每个轮灌组的流量相差超过 20% 时,为提高水泵的工作效率,降低能耗,宜采用变频设备供水。

2 同一轮灌组中,尽可能选用同一种型号或性能相似的喷头,并且轮灌组中的植物对灌水的要求应相近。另外,为便于灌溉系统的运行操作和管理,通常一个轮灌组所控制的范围最好连片集中。但自动灌溉控制系统不受此限制,而往往将同一轮灌组中的阀门分散布置,以最大限度分散干管中的流量,减小管径,降低造价。

9.4.3 自压型喷灌系统多用在有供水管网作为水源,且现场条件不允许设置加压设备的绿地,具有前期投资小、设计施工简单、便于维护等优点。

9.4.4 固定型喷灌系统不影响园林景观,不妨碍绿地养护,便于使用和管理;移动型喷灌系统会影响园林景观,妨碍绿地养护,易损坏,但对已有绿化损坏较少。

9.4.5 以江、河、湖、溪、雨水等天然水作为喷灌系统的水源,因原水中含有较多的砂粒、悬浮物、藻类等物质,会堵塞喷头等设备,故在取水口或加压处应设有除砂过滤设施。一般,在取水口处或集水井进水处设置格栅、格网,初步除去较大杂质,根据水质及喷头情况,还可增加过滤设备,如砂过滤器、网式过滤器、叠片过滤器等,进一步去除更细小的杂质。

9.6 雨水系统

9.6.1 本条规定雨水系统设计的基本原则和方式。

随着城市化进程的不断发展,城市地区不透水地面面积逐年增长,造成雨水资源流失、地下水位逐步下降等问题的同时,也造成城市内涝频现。近年来,全国各地因强降雨造成了严重的损失。同时也有很多地区处于水资源匮乏的状态,严重缺水。可见,推行雨水控制与利用,切实削减峰值径流排水量,防止城市内涝,同时实现雨水的资源化利用,势在必行。为此,2014年住建部出台了《海绵城市建设技术指南(试行)》,用以指导各地在新型城镇化建设过程中,推广和应用低影响开发建设模式,加大城市径流雨水源头减排的刚性约束,优先利用自然排水系统,建设生态排水设施,充分发挥城市绿地、道路、水系等对雨水的吸纳、蓄渗和缓释作用,使城市开发建设后的水文特征接近开发前,有效缓解城市内涝、削减城市径流污染负荷、节约水资源、保护和改善城市生态环境,为建设具有自然积存、自然渗透、自然净化功能的海绵城市提供重要保障。

9.6.2 绿地海绵城市建设构建的低影响开发雨水系统,其控制目标一般包括径流总量控制、径流峰值控制、径流污染控制、雨水资源化利用等。应结合水环境现状、水文地质条件等特点,合理选择其中一项或多项目标作为设计控制目标。鉴于径流污染控制目标、雨水资源化利用目标大多可通过径流总量控制实现,各地低影响开发雨水系统构建可选择径流总量控制作为首要的规划设计控制目标。

9.7 景观水池、水体给水排水

9.7.12 与游人直接接触的戏水池和旱喷泉必须确保用电安全。

9.8 管网敷设

9.8.1 绿地内给排水管线敷设应以埋地敷设为主,并宜敷设在绿化地带中,相应的检查井、仪表井、阀门井等也应埋地敷设,并做双层井盖加以伪装,上层伪装井盖宜与周边铺地或绿地的色彩匹配。草坪内设置的灌溉用洒水栓应埋地设置。必须明露的管线,其周围应尽量用绿化遮挡;架桥敷设管道时,应与桥梁设计师配合,使管道得到隐蔽敷设。给排水工程中相关的埋地构筑物,其周围也应尽量用绿化遮挡,但应留有维修操作的场地。

10 电气及智能化

10.1 一般规定

10.1.2 本条规定了绿地室外照明设计的基本原则,应在满足安全的前提下开展景观照明设计。

10.2 供配电

10.2.1 根据绿地性质和电力负荷中断供电所造成的损失及影响程度,合理进行负荷分级。

10.2.2 如果供配电系统接线复杂,配电层次过多,不仅管理不便,而且由于串联元件过多,因元件故障或操作错误而产生事故的可能性也会增加;配电级数过多,各级保护的配合很难整定。

10.2.3 户外配电箱的安装应按照有关现行国家标准、图集的规定执行。

10.2.4 设置专用电能计量表具及能耗监测系统有利于节电管理。

10.2.5 本条规定是因部分绿地的面积较大,为了保证供电质量、减少供电线路损耗而制定的。

10.3 照 明

10.3.1 本条是参照行业标准《城市道路照明设计标准》CJJ 45—2015 制定的,规定了园路系统的照度要求,园路系统中连接主路的广场照度标准值不应低于主路。

10.3.2 本条规定了功能性照明的显色指数,主要是为了满足市

— 77 —

民夜晚出行、活动对于照明显色性的要求;按照现阶段的技术水平,LED光源显色指数较容易达到80,而功能性照明的显色指数是越高越好,高显色指数光源对夜晚绿地的视频监控也是有益的。而对于绿地中设置的装饰性照明,其显色指数则不作要求。

10.3.3　对于不同的光源及电器附件,国家制定了相应的能效标准和规范,选用的光源及电器附件应符合相应标准,达到节能评价值的要求;采用效率高的灯具,有利于节能;经核算证明技术经济合理,且满足景观需求时,宜利用可再生能源作为照明能源。

10.3.5　室外照明控制应满足使用要求,避免产生较大故障影响面,减少对配电系统的电流冲击。有条件时,宜采用智能照明控制系统,实现对各子系统、配电回路或照明灯具的监控和管理;实现对灯光组合变化和照度变化的灵活控制;监测记录系统内电气参数的变化,发出故障警报,分析故障原因;增加系统扩展的便捷性。

10.4　管　线

10.4.2　相同数量的电缆,穿管埋地敷设相比直接埋地敷设具有占用地面宽度较少、检修较方便、与树木及其他管线的间距要求较小、环境因素对其影响较小等优势,但电缆敷设沿途需设置电缆井,在景观要求较高时,需采取针对电缆井盖的遮盖或美化措施。直接埋地敷设时不需要设置电缆井,也就没有电缆井盖。设计时,可针对项目特点合理选择敷设方式。

10.4.5　本条是参照现行国家标准《电力工程电缆设计标准》GB 50217中相关内容,结合绿地特点制定的。

10.5　安全防护

10.5.1　室外线路宜采用TT系统以减少电击危险发生的概率。

10.5.2 室外安装的配电箱、智能化箱等电气装置在 LPZ0 防雷区,可能遭到直接雷击,造成雷电过电压,故装设电涌保护器(SPD)是必要的。

10.5.4 本条规定主要是由于部分城市绿地的供电线路较长,安装在人员可触及的防护栏上的照明装置全部采用安全特低电压供电不经济,因而规定可以在设有严密的防意外触电保护措施时,可采用正常电压供电。

10.5.5 本条规定是根据防护等级的划分原则及使用场所的条件制定的。

10.5.6 城市绿地中的游泳池或戏水池、供人们游泳或戏水的天然水区、喷泉等特殊场所的安全防护设计应符合国家现行有关标准的要求,本标准不再另行规定。

10.5.7 本条规定针对室外照明装置提出要求,以满足运行安全。

10.5.8 在某些情况下,市民可能在雷雨天气停留在一些易受雷击的室外场所,为防止或减少雷击造成人身伤亡和财产损失,制定了本条规定。

10.6 智能化

10.6.1 通信网络系统可包括电话语音系统、移动通信覆盖系统、无线局域网信号覆盖系统(Wi-Fi)等。

公共广播系统根据使用要求可分为业务性广播系统、服务性广播系统和应急广播系统。当业务广播、服务广播与应急广播合用系统时,在发生应急情况时,应将业务性广播系统、服务性广播系统强制切换至应急广播状态。

宜按绿地的功能设置入侵报警系统、视频安防监控系统、出入口控制系统、电子巡查系统等安全技术防范系统;设有车辆进出控制及收费管理要求的停车库(场)时,宜设置停车库(场)管理系统。

宜按照绿地管理的需要,在出入口、人员集散区、主要游览道路等处设置智能求助终端,可与监控中心通话。

10.6.2　本条规定是为了增加游览的便捷性,可利用移动互联网、物联网、云计算等技术,改善游览的体验。

10.6.3　为了实现数据共享、提高绿地日常运维效率、改善游憩体验,同时响应国家关于"互联网＋旅游"及"智慧城市"的战略布局,有条件的绿地可运用现代信息技术,通过智能化系统的建设,形成适用的、有特色的智慧型绿地。绿地中可应用的智能化系统除了上述条文提到的,还有综合布线系统、计算机网络系统、电子票务系统、一卡通系统、智能照明控制系统、智慧灌溉系统、水环境监测预警系统、地下管网监测预警系统等,设计时可按绿地的类别、规模及需求选用。

10.6.4　本条规定是为了贯彻落实创新、协调、绿色、开放、共享的发展理念,对绿地内各类杆件、机箱、配套管线、照明和智能化设施进行集约化设置,实现共建共享、互联互通。